BENTO

＼ 活力小日子 ／

我的手作輕食便當

The Light──著

黃薇之──譯

再忙，都要每天自己帶便當

「覺得麻煩」、「太忙了」、「做便當好累喔」……，你是否因為這些原因而提不起勁做便當呢？

儘管知道自己做便當的優點，遠遠大過於購買外食，但在忙碌的日常生活中，光想到要自己準備便當就覺得困難重重。然而，用更清爽無負擔的輕食便當來作為午餐，無非是上班族達到健康與減肥最簡單而直接的方法。

前一天先備好料，早上只要迅速地用最少的烹調方式，不僅不會占用太多的時間，中午時光還能從容地享用午餐。為了自己、為了家人、為了孩子，請試著親手做便當吧。剛開始雖然會感到有些困難，但只要熟練後，就會愛上簡單又美味的低鹽、低糖、低熱量菜色。從今天開始享受「輕食便當」的生活吧！

「輕食便當」的基本原則

為了讓任何人都能輕鬆製作、清爽無負擔的享用，書中所有的菜單都是由料理營養專家所開發，以下即為「輕食便當」的基本原則與設計。

低熱量

500 kcal 以下

利用低脂肪蛋白質與全穀物，並加入滿滿的蔬菜，收錄的皆是一餐 500 kcal 以下的菜單。

營養成分

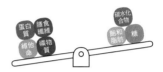

由豐富維他命、礦物質、高蛋白低碳水化合物所組成的菜單，符合營養均衡的標準。

低鹽&低糖

低鹽、低糖的設計，使用最少的調味料，品嘗到食材本身的原始風味。

烹調方式

增加營養成分的吸收，並將營養成分的破壞減至最低。

味道

由於考量到便當的特性是會放一段時間再食用，所以大部分使用的是即使放涼了依舊美味不減的食材。

將湯汁、味道減至最低

為了便於保存，烹調時盡量將水分減少，並屏棄味道過重以及會變濕軟的料理。

「輕食便當」的 **200**％活用術

本書收錄了 100 種健康且有助於瘦身的便當食譜， 請先認識食譜的構成與使用方法，再 200％的
活用它吧。

熱量
標示每個便當的熱量。

前日、當日的烹調提示
分別標示在前一天做好的準備，
以及當天早上只需簡單的烹調即
可完成。前一天準備好的材料需
以保鮮膜包好放入冰箱保存。

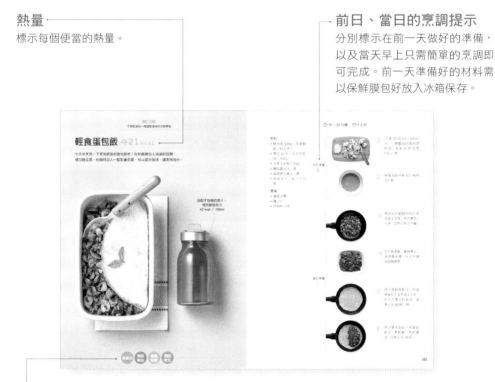

營養資訊
以營養分析結果為基礎，列出有益健康的代表性效果。如含有一天建議攝取
量的 33％以上，就會標示出來。

高蛋白	血管健康	腸道健康	預防貧血	骨骼健康	恢復疲勞	預防老化
蛋白質特別豐富。	有豐富的膳食纖維、膽固醇含量低。	膳食纖維特別豐富。	鐵質特別豐富。	鈣質或維他命 D 特別豐富。	維他命 C 特別豐富。	維他命 E 或硒特別豐富。

★書中所有的食譜，皆使用韓國營養學會所開發的營養分析系統 CAN（Computer Aided Nutritional
analysis program）。

CONTENTS

BOX 2

不用配菜也一樣健康美味：
BALANCE 均衡便當

清爽無負擔的輕食便當

BASIC
基礎料理

為了健康，為了瘦身，為了享受愉快的午餐時間，開始自己做便當。也許你是料理新手，或是從未自己製作便當，在這個「基礎料理」的單元裡，從基本的分量計算，準備低鹽、低糖的調味料與食材，到一週五天的輕食便當菜色，還有和任何便當都很搭配的十種配菜食譜，全都一一告訴你。

LESSON 1 低鹽、低卡的調味料&食材

1. 巴薩米克醋：特有的風味能增添料理風味。
2. 顆粒芥末醬：芥末籽辛辣嗆鼻的獨特味道能增添風味。
3. 果寡糖：糖度比砂糖低，由於吸收較慢，不易使血糖升高。
4. 山葵醬：能增添辛辣感與風味。
5. 減鈉減卡番茄醬：和一般的番茄醬相比，減少了糖和鹽分的分量。
6. 低卡美乃滋：熱量較一般美乃滋還低。
7. 原味優格：為了保留發酵食品的酸味，不添加糖分且熱量也較低。
8. 辣椒碎片：粗研磨的西式辣椒粉，能補足低鹽、低糖的平淡口味。
9. 低脂牛奶：脂肪含量與熱量比一般牛奶來得低。

為了完成低糖、低鹽、低熱量的便當，需從調味料、食材著手進行選擇。本書使用最少的調味料，並活用低 GI 值且膳食纖維豐富的食材，一起來看看使用哪些吧！

★ GI 值（Glycemic index）
食物中的碳水化合物能多快被消化、吸收，並影響血糖濃度升高的數值。指數越低就能慢慢被消化、吸收，有助於調節食慾與節食。

1. 水煮鮪魚罐頭：減少油脂更加清爽，熱量也比一般鮪魚低。
2. 酪梨：有著和奶油相似的口感，可以用來取代熱量較高的美乃滋。
3. 香草：天然獨特的香氣能補足低鹽、低糖的平淡口味。
4. 芹菜：含有豐富的膳食纖維與鈣質，並帶有特殊香氣，能增添料理風味。
5. 超級穀物（小扁豆、藜麥等）：蛋白質、維他命、礦物質、膳食纖維的含量比一般穀物豐富。
6. 堅果類（杏仁、腰果、核桃等）：含有健康脂肪的不飽和脂肪酸，並有豐富膳食纖維，有助節食。
7. 全麥墨西哥薄餅、全麥餅乾：用全麥取代精製麵粉所製成，GI 值也很低。

LESSON 2 準確的計量 & 火候控制

不失敗烹調的第一步就是準確的計量與控制火候，做出美味料理的祕訣就是掌控溫度。
以下介紹準確計量的方法、食譜分量的調整、調整火候的訣竅與處理食材的方法等等。

計量

量匙計量法

由於液體、粉末、醬類等有各自不同的計量方式，請確認後再進行計量。（量匙 1 大匙 = 15ml，1 小匙 = 5ml）

1 大匙
（液體類）
滿匙

1/2 大匙
（液體類）
到中間線的高度

1 大匙
（粉末類與醬類）
盛滿後將上方抹平，呈平匙狀

1/2 大匙
（粉末類與醬類）
盛至量匙的前 1/2 處

湯匙計量法

量匙 1 大匙 = 15ml，湯匙 1 大匙 = 10 ～ 12ml
基本上，湯匙 1 大匙比量匙 1 大匙的分量來得少，
因此計量時要裝得稍微滿出來一點。不過，每個
人家中的湯匙大小都不太一樣，容易出現味道的
誤差，建議盡量使用量匙為佳。

調整食譜分量

無論要增加或減少分量，由於留在容器中的調味料分量和蒸發的水量都不會改變，
假使要將分量調整成 2 倍時，調味料和水量，只要增加 90%即可。

調整火候

以一般最常使用的瓦斯爐為基準，火苗與鍋子（平底鍋）底部之間的距離來調整火勢。

掌握爐火和鍋子之間的距離

大火：火苗能完全接觸到鍋子底部的程度。
中火：火苗與鍋子底部約留有 0.5cm 距離的程度。
中弱火：介於小火與中火之間。
小火：火苗與鍋子底部約留有 1cm 距離的程度。

用手掂分量＆蔬菜標準重量

鹽少許（1/5 小匙以下）

胡椒少許（大約輕輕撒兩下的分量）

菇類 1 把（50g）

黃豆芽、綠豆芽 1 把（50g）

菠菜 1 把（50g）

芽菜 1 把（20g）

黃太魚絲 1 杯（20g）

白菜泡菜 1 杯（150g）

蔬菜標準重量

茄子 1 根（150g）	辣椒 1 根（15g）	花椰菜 1 棵（300g）	小黃瓜 1 根（200g）
馬鈴薯 1 顆（200g）	南瓜 1 顆（800g）	洋蔥 1 顆（200g）	紅椒 1 顆（200g）
地瓜 1 顆（200g）	胡蘿蔔 1 根（200g）	櫛瓜 1 顆（270g）	甜椒 1 顆（100g）

常見水果的處理法

取出柳橙（葡萄柚）果肉

將柳橙（葡萄柚）上下兩端切掉。

用刀子將果皮削除。

沿著果肉的白色紋路劃下刀紋，就能將果肉取下。

取出酪梨籽

用刀子沿著酪梨外圍劃一圈，要深至中間籽的部分。

用手抓住兩瓣酪梨轉一轉後即能剝開。

用刀子插入附著在其中一瓣果肉上的籽，輕輕轉一轉後取出，或是用湯匙挖下，將果皮剝掉即可使用。

LESSON 3 更健康的四種穀米飯

米飯幾乎是每個人每天都會吃的主食,一次將整週便當要用到的飯量煮好,使用起來會更方便。
從常見的糙米飯到加入超級穀物做的特色穀飯,以下介紹四種比一般米飯更為健康的便當穀米飯。

雜穀飯
192 kcal

卡姆小麥
糙米飯
179 kcal

★卡姆小麥
蛋白質含量高,有
豐富的礦物質鎂鋅
等,以及具有抗氧
化效果的硒,含量
是雞蛋的 2.5 倍。

★以 1 人份(120g)為基準的熱量

糙米飯
180 kcal

藜麥
糙米飯
172 kcal

★藜麥
蛋白質是米的 2
倍,鉀為 6 倍,鈣
質為 7 倍,鐵質更
是多達 20 倍以上
的含量。

煮 7 ～ 8 人份的飯(使用電子壓力鍋)

1. 碗中放入糙米 2 杯(320g)+糙糯米 1/2 杯(80g),
   倒入剛好蓋過米的水量,稍微漂洗一下後,將水倒
   出,再倒入等量的水,輕輕搓洗 1 ～ 2 次。
2. 倒入冷水至剛好蓋過米的高度,浸泡 5 ～ 6 小時後,
   過濾去除水分。
3. 放入飯鍋中,加入 1.1 倍的水。
4. 選擇「雜穀」模式後,按下炊飯鍵。

★ 添加超級穀物(藜麥、卡姆小麥)或雜穀的方法
   與其直接將超級穀物煮成飯,建議加入糙米一起煮
   會更好。加入糙米 1/10 的分量,熟悉之後再增加
   比例(糙米 1 又 3/4 杯+超級穀物或雜穀 1/4 杯+
   糙糯米 1/2 杯)。

進行冷凍&解凍

冷凍
剛煮好的飯,以 120g
分裝放入保鮮袋中,
待冷卻後,放入冰箱
冷凍。

解凍
將米飯從保鮮袋中取
出,以耐熱容器盛裝,
放入微波爐(700W)
加熱 2 分鐘解凍。

做好便當之後，還覺得缺少什麼嗎？試著搭配減低鹹度與甜度，更清爽無負擔的湯、醃漬物、沙拉或果昔吧。將足夠分量的醃漬物做好就可以直接食用，更加方便。

湯 2 種

31 kcal

104 kcal

高麗菜大醬湯

材料與分量 🕐 25 ～ 35 分鐘 🍚 2 人份
高麗菜 2 片（手掌大小，或白菜 2 片約 60g）、細蔥 2 根（16g）、紅辣椒 1/2 根、大醬 2 小匙、蒜泥 1 小匙、鹽少許（可依個人喜好加減）

湯底
乾香菇 2 朵（6g）、昆布 5×5cm2 片、胡椒粒 1/2 小匙（約 10 顆）、水 4 杯（800ml）

1. 鍋中放入湯底的材料，以大火煮滾後，轉中弱火煮 5 分鐘，將昆布撈起，再煮 10 分鐘並過篩。★如果煮好的湯底分量為 3 杯（600ml），可能會不夠，要再加水。
2. 將高麗菜切成 3×3cm 的大小，細蔥切碎，紅辣椒切斜片。
3. 鍋中倒入步驟 1 的湯底，將大醬拌開，以大火煮滾，再轉為中火，放入高麗菜、細蔥、蒜泥、紅辣椒、鹽，煮約 5 分鐘。

大蔥蛋花湯

材料與分量 🕐 25 ～ 35 分鐘 🍚 2 人份
雞蛋 2 顆、洋蔥 1/4 顆（50g）、大蔥 10cm2 段、蒜泥 1 小匙、湯用醬油 1 小匙、胡椒粉少許

湯底
乾香菇 2 朵（6g）、昆布 5×5cm2 片、胡椒粒 1/2 小匙（約 10 顆）、水 4 杯（800ml）

1. 鍋中放入湯底的材料，以大火煮滾後，轉中弱火煮 5 分鐘，將昆布撈起，再煮 10 分鐘並過篩。★如果煮好的湯底分量為 3 杯（600ml），可能會不夠，要再加水。
2. 撈出香菇並擠乾水分，將梗切掉之後，切成寬 0.5cm 的細絲。將雞蛋在碗中打散，大蔥切細，洋蔥切成寬 0.5cm 的細絲。
3. 鍋中倒入步驟 1 的湯底，放入蒜泥、洋蔥煮滾，將步驟 2 的蛋液以繞圈的方式倒入，以中火煮 30 秒。
4. 放入香菇、大蔥、湯用醬油、胡椒粉，再煮 1 分鐘左右。

16 kcal

22 kcal

醃漬烤杏鮑菇

🕐 25 ～ 35 分鐘（＋熟成 1 天）　🍽 10 人份
材料　杏鮑菇 4 朵（或其他菇類，320g）、
　　　胡椒粉少許

醃汁
醋 1/4 杯（50ml）、鹽 1/3 小匙、醬油 1/2 小匙、
梅子汁（或果寡糖）2 大匙、胡椒粒 1 小匙

1. 將杏鮑菇的底部切除，切成適口大小。
2. 將醃汁材料加入鍋中，以中火煮滾後熄火。
3. 熱好的平底鍋中放入杏鮑菇，以大火翻炒 2
　 分鐘，撒上胡椒粉，裝入消毒過的玻璃容器。
4. 倒入步驟 2 的醃汁並蓋上蓋子，放置室溫下
　 熟成 1 天後，冷藏保存。
　 製作好約可冷藏保存 10 天。

★ 如何消毒玻璃容器
　 將水（1 杯）煮開後，倒入玻璃容器中搖晃，
　 消毒後將容器倒扣，使水分完全流乾。為避
　 免燙傷，請戴上手套再進行消毒。

醃漬小番茄

🕐 25 ～ 35 分鐘（＋熟成 1 天）　🍽 10 人份
材料　小番茄 30 顆（450g）

醃汁
果寡糖 4 大匙、醃漬香料 1/2 小匙、鹽 1/3 小匙、
醋 1/3 杯（70ml）、水 1/3 杯（70ml）

1. 將 2 杯水放入鍋中煮開，再將小番茄放入滾
　 水汆燙 30 秒，撈出後放入冷水中漂洗，並將
　 外皮剝除，裝入消毒過的玻璃容器。
2. 將醃汁材料放入鍋中，以中火煮滾後熄火，
　 待其冷卻。
3. 倒入步驟 1 的容器中並蓋上蓋子，放置室溫
　 下熟成 1 天後，冷藏保存。
　 製作好約可冷藏保存 10 天。

13 kcal

24 kcal

醃漬芹菜洋蔥

🕐 15 ～ 25 分鐘（＋熟成 1 天） 🍶 10 人份
材料　芹菜 10cm 切 3 段、洋蔥 1/2 顆（100g）

醃汁
醋 1/2 杯（100ml）、水 1/2 杯（100ml）、鹽
1/2 小匙、果寡糖 2 大匙、辣椒碎片 1 小匙

1. 洋蔥切成 1.5×1.5cm 大小，芹菜切成長
   2cm，裝入消毒過的玻璃容器。

2. 將醃汁材料加入鍋中，以大火煮滾後熄火。

3. 倒入步驟 1 的容器中，冷卻後蓋上蓋子，放
   置室溫下熟成 1 天後，冷藏保存。
   製作好約可冷藏保存 10 天。

羽衣甘藍醬菜

🕐 25 ～ 35 分鐘（＋熟成 1 天） 🍶 10 人份
材料　羽衣甘藍 10 片（或芝麻葉，400g）

醃汁
釀造醬油 1/4 杯（50ml）、醋 1 大匙、果寡糖
1 大匙、乾辣椒（辣椒或青陽辣椒）1 根、昆布
5×5cm、水 1 杯（200ml）

1. 將羽衣甘藍用流水沖洗，水分完全去除後並
   對切，疊放入消毒過的玻璃容器。

2. 將醬菜汁材料加入鍋中，以大火煮滾後熄火。

3. 將醬菜汁用篩子過濾，倒入步驟 1 的容器中，
   待冷卻後蓋上蓋子，放置室溫下熟成 1 天後，
   以冷藏保存。
   製作好約可冷藏保存 10 天。

生菜沙拉
佐巴薩米克醋醬汁

🕐 10～20 分鐘　🥣 1 人份
材料　芽菜 2 種（或沙拉用生菜，
　　　　40g）

巴薩米克醋沙拉醬汁
巴薩米克醋 1 又 1/2 小匙、果寡
糖 1 小匙、橄欖油 1 小匙、現磨
胡椒粉少許

1. 芽菜放在篩子上，以流水沖洗
　　後，將水分瀝乾。
2. 碗中加入巴薩米克醋沙拉醬汁
　　的材料並混合，和芽菜一起搭
　　配享用。

58 kcal

生菜沙拉
佐檸檬橄欖油醬汁

🕐 10～20 分鐘　🥣 1 人份
材料　芽菜 2 種（或沙拉用生菜，
　　　　40g）

檸檬橄欖油沙拉醬汁
洋蔥末 1 大匙、檸檬汁 1/2 大匙、
橄欖油 1/2 大匙、鹽少許、現磨胡
椒粉少許

1. 芽菜放在篩子上，以流水沖洗
　　後，將水分瀝乾。
2. 碗中加入檸檬橄欖油沙拉醬汁
　　的材料並混合，和芽菜一起搭
　　配享用。

57 kcal

鮮綠蔬果昔

🕐 10 ～ 20 分鐘　🥣 1 人份

材料　羽衣甘藍 6 片（菠菜 1/2 把、
各類蔬菜 1/2 把，30g）、
香蕉 1 根（100g）、檸檬
1/4 顆（50g，或檸檬汁 1
大匙）、純水 1 杯（200ml）

1. 將羽衣甘藍切成適口大小，香蕉
去皮並切掉頭尾，再切成 3 等
分。檸檬去皮後切成 4 等分，再
將籽挖掉。

2. 將檸檬、香蕉、純水依序放入攪
拌機中，攪拌 30 秒後，放入羽
衣甘藍打至細碎。

香甜果昔

🕐 10 ～ 20 分鐘　🥣 1 人份

材料　小番茄 5 顆（或番茄 1/2
顆）、草莓 10 顆（或冷凍
草莓、藍莓 1 杯，200g）、
美生菜 2 片（30g）、純水
1/2 杯（100ml）

1. 將小番茄和草莓的蒂頭摘掉，美
生菜切成適口大小，清洗乾淨。

2. 將小番茄、草莓、純水依序放入
攪拌機中，攪拌 30 秒後，放入
美生菜打至細碎。

LESSON 5 簡便的一週五天便當菜色

1 SET

2 SET

	1 SET	2 SET
星期一	辣味馬鈴薯小黃瓜雞蛋沙拉（第 154 頁）364 kcal	芹菜炒雞肉＆杏仁炒蝦米（第 44 頁）406 kcal
星期二	醬燒香菇豆腐＆芥末籽炒馬鈴薯（第 36 頁）419 kcal	輕食蛋包飯（第 102 頁）421 kcal
星期三	綜合蔬菜蛋捲＆清炒泡菜（第 42 頁）372 kcal	泰式風味雞肉沙拉（第 118 頁）278 kcal
星期四	辣炒香菇蓋飯（第 88 頁）274 kcal	美乃滋雞胸肉蓋飯（第 76 頁）407 kcal
星期五	辣味牛絞肉小黃瓜飯捲（第 192 頁）359 kcal	芹菜雞蛋三明治（第 162 頁）452 kcal

採購清單

1 SET
- 馬鈴薯 2 顆（200g）
  - 芝麻葉 7 片（14g）
  - 秀珍菇 5 把（250g）
  - 大蔥 10cm2 段
  - 洋蔥約 1 顆
  - 小黃瓜 3/4 根（150g）
  - 綜合蔬菜 1/2 杯
  - 細蔥 1 根（8g，可省略）
  - 青陽辣椒 1 又 1/2 根（可省略）
- 飯捲用海苔（A4 大小）1 張
- 雞蛋 4 顆
  - 豆腐小盒 1 塊（涼拌用，210g）
  - 低脂牛奶 1 大匙
- 牛絞肉 70g

2 SET
- 櫻桃蘿蔔 1 顆（10g，可省略）
  - 大蒜 2 瓣（10g）
  - 芹菜 10cm6 段（120g）
  - 美生菜 3 片（45g）
  - 蘑菇 14 朵（280g）
  - 洋蔥約 1/3 顆（75g）
  - 細蔥 1 根（8g）
  - 青陽辣椒 1 根（可省略）
- 蝦米 1/2 杯（12g）
  - 雜糧吐司（或雜糧麵包）2 片
  - 花生碎粒 1 大匙（或其他堅果類，10g）
  - 花生醬 1 小匙
  - 杏仁 30 顆（30g）
- 雞蛋 4 顆
  - 低脂牛奶 2 大匙
- 雞胸肉 3 塊（300g）

● 蔬菜與水果　● 室溫食品　◐ 冷藏食品　◯ 冷凍食品　● 肉類

想自己帶便當，卻擔心沒時間準備嗎？以下介紹的是能在週末一次購足，輕鬆即能實踐五天份的輕食便當菜單。大家也可以自行適情況選擇菜色，像是忙碌的星期一選擇較有分量的便當，晚餐有約時，選擇稍微清爽一點的菜色，減輕負擔。

3 SET

4 SET

 嫩煎雞蛋豆腐＆涼拌小黃瓜魷魚絲
（第 48 頁）375 kcal

 美生菜牛丼飯
（第 84 頁）384 kcal

 小紅莓鮪魚沙拉
（第 122 頁）344 kcal

 手作辣味鮪魚＆香菇炒甜椒
（第 62 頁）338 kcal

 番茄炒蛋拌飯
（第 110 頁）356 kcal

 烤香菇＆年糕沙拉
（第 136 頁）258 kcal

 葡萄柚酪梨蟹肉棒沙拉
（第 134 頁）389 kcal

 巴薩米克醋炒洋蔥＆菠菜炒蛋
（第 54 頁）345 kcal

 鮪魚酪梨三明治
（第 160 頁）458 kcal

紅椒牛排墨西哥烤餅
（第 174 頁）434 kcal

● 小番茄 5 顆（或牛番茄 1/2 顆，75g）
　酪梨 3/4 顆（150g）
　美生菜 2 片（手掌大小，30g）
　洋蔥約 5/8 顆（120g）
　芽菜 1 又 1/2 把（30g）
　小黃瓜 1/2 根（100g）
　葡萄柚 1/2 顆（225g）
　番茄 1/2 顆（75g）
● 雜糧吐司（或雜糧麵包）2 片
　核桃碎粒 1 大匙＋ 1 小匙
　小紅莓乾 2 大匙
　魷魚絲 20g
　水煮鮪魚罐頭 1 罐（小罐，100g）
● 豆腐小盒 1 塊（涼拌用，210g）
　雞蛋 2 又 1/2 顆
　低脂牛奶 1 又 1/2 大匙
　蟹肉棒 2 個（短的，40g）

● 芝麻葉 5 片（10g）
　大蒜 2 瓣（10g）
　杏鮑菇 3 朵（160g）
　菠菜 2 又 1/2 把（125g）
　美生菜 2 片（手掌大小，30g）
　洋蔥 1 又 3/8 顆（270g）
　綜合蔬菜 1 杯
　青陽辣椒 2 根
　紅椒 2 顆（200g）
● 全麥墨西哥薄餅（或小麥墨西哥薄餅）2 張
　水煮鮪魚罐頭 1 罐（小罐，100g）
　糙米年糕 50g（或年糕湯用白米年糕 1/2 杯）
● 雞蛋 3 顆
　披薩專用起司絲 2 大匙（20g）
● 火鍋用牛肉片 170g

	5 SET	6 SET
星期一	番茄豆芽菜豬肉&低鹽醬煮黑豆（第66頁）411 kcal	胡蘿蔔炒蛋&大蒜炒小魚乾（第34頁）342 kcal
星期二	柳橙花椰菜炒明蝦沙拉（第152頁）289 kcal	烤雞胸肉&番茄奇異果沙拉（第140頁）233 kcal
星期三	花椰菜番茄咖哩飯（第80頁）431 kcal	辣雞炒飯佐芽菜（第106頁）392 kcal
星期四	豆腐柑橘卡布里沙拉（第120頁）376 kcal	番茄小扁豆沙拉（第148頁）495 kcal
星期五	超級穀物明太子飯糰（第182頁）237 kcal	奇異果蛋吐司（第166頁）416 kcal

採購清單

5 SET
● 羅勒 1g（或羅勒切末 1 小匙）
　花椰菜 2/3 棵（200g）
　綠豆芽 1 把（50g）
　洋蔥約 3/5 顆（140g）
　柳橙 5/6 顆（250g）
　細蔥 1 根（8g）
　番茄 2 又 1/3 顆
● 黑豆 1/3 杯（未泡過，40g）
　昆布 5×5cm
　咖哩粉 1 大匙
● 豆腐小盒 1 塊（涼拌用，210g）
　低鹽醃漬明太子 20g（1/3 條）
○ 冷凍生蝦肉 5 隻（大隻，75g）
● 豬里脊肉 150g

6 SET
● 櫻胡蘿蔔 3/4 根（120g）
　大蒜 6 瓣（30g）
　小番茄 15 顆（225g）
　高麗菜 4 片（手掌大小，120g）
　洋蔥約 1/2 顆（100g）
　芽菜 1 又 1/2 把（30g）
　細蔥 1 根（8g，可省略）
　青陽辣椒 1 根
　奇異果 1 顆（90g）
● 雜糧吐司（或雜糧麵包）2 片
　現削帕達諾起司 1 大匙
　（或帕瑪森起司粉，7g）
　小扁豆 1/2 杯（80g）
　小魚乾 1/2 杯（20g）
● 雞蛋 3 顆
● 雞胸肉 2 塊（200g）

● 蔬菜與水果　● 室溫商品　● 冷藏商品　○ 冷凍商品　● 肉類

7 SET

大蔥炒茄子＆明蝦蒸蛋
（第 46 頁）366 kcal

海苔豆腐炒飯
（第 104 頁）366 kcal

烤明蝦沙拉佐香草牧場沙拉醬
（第 144 頁）226 kcal

麻婆醬牛肉茄子蓋飯
（第 86 頁）388 kcal

輕食豆腐漢堡排
（第 196 頁）419 kcal

- 茄子 1 又 1/2 根（225g）
  胡蘿蔔 1/10 根（20g）
  大蔥 10cm 約 6 段（55cm）
  大蒜 4 瓣（20g）
  沙拉用蔬菜 30g
  高麗菜 2 片（手掌大小，60g）
  洋蔥 1/8 顆（30g）
  細蔥 1 根（8g）
  青陽辣椒 1 根
- 調味海苔 1 張（A4 大小）
- 雞蛋 3 顆
  豆腐大盒 1 塊（涼拌用，300g）
  原味優格 3 大匙（30g）
- 冷凍生蝦肉 11 隻（大隻，165g）
- 烤肉用牛肉 100g

8 SET

辣炒花椰菜雞肉＆
涼拌芝麻黃豆芽
（第 38 頁）316 kcal

櫛瓜茄子藜麥沙拉
（第 156 頁）317 kcal

醬燒蘑菇雞胸肉＆海苔包花椰菜
（第 72 頁）319 kcal

大醬櫛瓜豆腐蓋飯
（第 90 頁）365 kcal

藜麥沙拉稻荷壽司
（第 188 頁）338 kcal

- 茄子約 2/3 根（105g）
  大蔥 10cm2 段
  韭菜 1/5 把（或大蔥，10g）
  花椰菜 2/3 棵（175g）
  櫛瓜約 1/2 顆（140g）
  蘑菇 5 朵（100g）
  洋蔥約 2/3 顆（140g）
  小黃瓜 1/5 根（40g）
  紫高麗菜 1 片（手掌大小，30g）
  青陽辣椒 1 根
  黃豆芽 2 把（150g）
  金針菇 1 把（或蘑菇 3 朵，50g）
- 飯捲用海苔（A4 大小）2 張
  藜麥 1/3 杯（40g）
- 豆腐小盒 1 塊（涼拌用，105g）
  油豆腐 6 塊
- 雞胸肉 3 塊（300g）

PLUS TIP! # 製作專屬個人的輕食便當

接下來介紹的四十種便當配菜，可分為有豐富蛋白質且營養滿滿的配菜，以及清爽無負擔的蔬菜配菜。也可依個人喜好與家中現有的食材來更換成其他配菜。或是選擇一道「營養滿滿的配菜」加上一道「清爽無負擔的蔬菜配菜」，組合成個人專屬的輕食便當。

  營養滿滿的配菜（肉類＆海鮮＆雞蛋＆其他）

菇菇芝麻葉烤肉
（第 60 頁）119 kcal

豆瓣醬風味炒牛肉
（第 64 頁）101 kcal

番茄豆芽菜豬肉
（第 66 頁）139 kcal

青江菜炒豬肉
（第 68 頁）142 kcal

辣炒花椰菜雞肉
（第 38 頁）108 kcal

芹菜炒雞肉
（第 44 頁）105 kcal

香烤雞胸排
（第 50 頁）99 kcal

醬燒蘑菇雞胸肉
（第 72 頁）92 kcal

醬燒高麗菜魚板
（第 40 頁）69 kcal

醬燒香菇豆腐
（第 36 頁）132 kcal ／ 1 人份

嫩煎雞蛋豆腐
（第 48 頁）128 kcal

炒綠豆芽蝦仁
（第 70 頁）138 kcal

胡蘿蔔炒蛋
（第 34 頁）117 kcal

綜合蔬菜蛋捲
（第 42 頁）129 kcal

明蝦蒸蛋
（第 46 頁）128 kcal

菠菜炒蛋
（第 54 頁）105 kcal

綜合蔬菜鮪魚煎餅
（第 56 頁）136 kcal

辣味鮪魚
（第 62 頁）100 kcal

杏仁炒蝦米
（第 44 頁）121 kcal

涼拌黃太魚絲
（第 56 頁）77 kcal

TIP 常見便當菜熱量
- 烤雞胸肉（1 塊，100g）
  132 kcal
- 荷包蛋（或炒蛋，1 顆份）
  105 kcal
- 泡菜（100g）18 kcal
- 調味海苔（1 張，A4 大小）
  24 kcal
- 蔬菜棒（100g）19 kcal

清爽無負擔的蔬菜配菜

青辣椒拌醬
（第50頁）23 kcal

綠豆芽拌蔥絲
（第60頁）19 kcal

香菇炒甜椒
（第62頁）58 kcal

蒸高麗菜包核桃包飯醬
（第68頁）70 kcal

涼拌青江菜橡實凍
（第52頁）54 kcal

烤蔬菜
（64頁）72 kcal

大蔥炒茄子
（第46頁）58 kcal

低鹽醬煮黑豆
（第66頁）92 kcal

芥末籽炒馬鈴薯
（36頁）107 kcal

清炒泡菜
（第 42 頁）63 kcal

涼拌紫蘇籽小黃瓜
（第 40 頁）39 kcal

巴薩米克醋炒洋蔥
（第 54 頁）60 kcal

燉花椰菜馬鈴薯
（第 70 頁）118 kcal

涼拌花椰菜豆腐
（第 58 頁）84 kcal

海苔包花椰菜
（第 72 頁）47 kcal

涼拌小黃瓜魷魚絲
（第 48 頁）67 kcal

大醬炒芹菜
（第 52 頁）45 kcal

涼拌芝麻黃豆芽
（第 38 頁）28 kcal

大蒜炒小魚乾
（第 34 頁）46 kcal

炒香菇高麗菜
（第 58 頁）43 kcal

TIP 當成配菜也很棒

- 黃太魚蔬菜蓋飯
  （第 78 頁）
- 麻婆醬牛肉茄子蓋飯
  （第 86 頁）
- 辣炒香菇蓋飯（第 88 頁）
- 大醬櫛瓜豆腐蓋飯
  （第 90 頁）

LESSON 6
選擇合適的便當盒

市面上有各種不同材質、分層與
功能的便當盒，不妨選一個喜歡、
適合的便當盒吧！

1. 木製便當盒

   天然木頭材質，能調節米飯的濕氣，亦能保持料理的味道與風味。

2. 不鏽鋼便當盒

   即使盛裝滾燙的食物或油膩的料理，也不會釋出環境荷爾蒙，具有不錯的保溫、保冷效果。

3. 琺瑯便當盒

   同時具有金屬的堅固與玻璃的潔淨感，不容易附著味道，保溫、保冷效果好，且重量輕。

4. 免洗便當盒

   優點是可以依不同情況方便使用。選擇經過一段時間就會分解於土壤的紙製環保材質為佳。

5. Joseph Joseph 翻轉點心盒、翻轉沙拉盒

   可分層使用。使用後上層便當盒可以翻轉收納到下層便當盒中。

6. black+blum 午餐雙層罐

   攜帶方便的便當盒，出色的密封設計，可將米飯、配菜、湯品與醬料分開盛裝。

7. Lexngo 矽膠三明治盒、TPE 水果保護盒

   使用符合食品安全並具有彈性的矽膠材質製成，能防止味道溢出，重量輕且牢固。

8. OXO GOOD GRIPS 便當盒

   熱食與冷食可分開盛裝，避免味道混在一起。

9. hamptons 保溫便當盒

   想要隨時都享用到熱騰騰便當的人所設計，有著柔和色調與摩登外型的便當盒。

10. HAKOYA 便當盒

    可用於微波爐，並附有保冷劑。由漆器職人親自上漆，非常牢固耐用。尺寸小巧便於攜帶，有各種不同造型。

1	2		5	6
3	4		7	8
			9	10

BOX 1

兩種配菜就很足夠

365 天
輕食便當

一碗米飯再搭配上清爽無負擔的蔬菜，組合而成的輕食便當，帶來滿滿的營養與活力。
為了更適合作為輕食便當菜，烹調時盡量將水分減少，並使用較淡的調味料與食材。

PLUS TIP

- 每個食譜所標示的熱量包含了兩道配菜與糙米飯（120g），也可以用雜穀飯、卡姆小
  麥糙米飯、藜麥糙米飯來取代一般糙米飯，做成各式各樣的變化（參考第 16 頁）。
- 分量皆為二人份，可以將一份裝入便當，另一份作為早餐或晚餐的配菜。
- 裝入便當盒時，一定要等冷卻後再放入，如果配菜和米飯是裝在同一個容器中，最好
  能分格盛裝。
- 便當盒如果還有剩餘的空間，可以用小番茄、花椰菜或鵪鶉蛋來填滿。

BOX 1

兩種配菜就很足夠的 365 天輕食便當

胡蘿蔔炒蛋 & 大蒜炒小魚乾 342 kcal

有著漂亮黃橙色的胡蘿蔔炒蛋，以及大蒜炒小魚乾的便當。將胡蘿蔔用油炒過後，能增加脂溶性維生素的吸收率；小魚乾用流水沖洗能減低鹹度。

大蒜炒小魚乾

胡蘿蔔炒蛋

預防
老化

胡蘿蔔炒蛋

🕐 15 ~ 25 分鐘
🍚 2 人份

- 胡蘿蔔 1/2 根
  （100g）
- 雞蛋 2 顆
- 細蔥 1 根（或大蔥
  8g，也可省略）
- 食用油 1/2 大匙
- 鹽少許
- 胡椒粉少許

Tip 也可以用來作為三
明治的夾餡。

前晚準備
🌙

1 將胡蘿蔔切成 0.5cm 的
細絲，細蔥切碎，雞蛋
在碗中打散。

當日準備
☀

2 熱好的平底鍋中倒入食
用油，放入胡蘿蔔，以
中火炒 2 分鐘。

3 將胡蘿蔔撥到一側，倒
入雞蛋拌炒 1 分鐘，熟
了之後加入鹽、胡椒粉、
細蔥，再將全部混合。

大蒜炒小魚乾

🕐 15 ~ 25 分鐘
🍚 2 人份

- 小魚乾 1/2 杯（20g）
- 大蒜 6 瓣（30g）
- 食用油 1 小匙
- 胡椒粉少許

調味料
- 料酒 1 大匙
- 釀造醬油 1/2 小匙

前晚準備
🌙

1 碗中放入小魚乾和水，
浸泡 5 分鐘後放在篩子
上，用流水洗淨，再將
水分瀝乾。

2 大蒜切片，將調味料的
材料放入碗中混合。

3 熱好的平底鍋中倒入食
用油，放入大蒜，以小
火炒 3 分鐘，放入小魚
乾炒 2 分鐘，倒入調味
料炒 30 秒後，關火撒入
胡椒粉拌勻。

小魚乾和大蒜一起炒過
後，就算冷了也不會有
腥味。

BOX 1
兩種配菜就很足夠的 365 天輕食便當

醬燒香菇豆腐 & 芥末籽炒馬鈴薯 419 kcal

任何時候享用都美味的豆腐與馬鈴薯的便當配菜。在醬燒豆腐中放入滿滿菇類，增加膳食纖維，炒馬鈴薯則用芥末籽來增添風味，並減低鹹度。

醬燒香菇豆腐

芥末籽炒馬鈴薯

高蛋白　血管健康　腸道健康　恢復疲勞　預防老化

醬燒香菇豆腐

🕐 20 ～ 30 分鐘
🍚 2 人份

- 豆腐小盒 1 塊
  （涼拌用，210g）
- 秀珍菇 1 把
  （或其他菇類，50g）
- 大蔥 10cm
- 青陽辣椒 1 根
  （可省略）
- 鹽少許
- 食用油 1 小匙

調味料
- 釀造醬油 1/2 大匙
- 辣椒粉 1 小匙
- 蒜泥 1 小匙
- 料酒 2 小匙
- 芝麻油 1/2 小匙
- 胡椒粉少許
- 水 1/3 杯（約 70ml）

前晚準備 🌙

當日準備 ☀

1 將豆腐切 1cm 厚，放在廚房紙巾上，撒上鹽靜待 10 分鐘，去除多餘水分。秀珍菇的底部切除後，撕成方便食用的大小，大蔥、青陽辣椒切斜片。將所有調味料放入碗中混合。

2 熱鍋好倒入食用油，放入豆腐，以中火兩面各煎 30 秒。

3 放入調味料與秀珍菇，蓋上鍋蓋 3 分鐘，再放入大蔥與青陽辣椒煮 2 分鐘。
放入大蔥與青陽辣椒後，也可以將鍋子稍微傾斜，一邊澆淋醬汁來煮，中間要不時將豆腐翻面。

芥末籽炒馬鈴薯

🕐 15 ～ 25 分鐘
🍚 2 人份

- 馬鈴薯 1 顆
  （或地瓜，200g）
- 洋蔥 1/4 顆（50g）
- 橄欖油（或食用油）
  1 小匙
- 鹽少許
- 水 4 大匙
- 顆粒芥末醬
  （或芥末醬）2 小匙
- 現磨胡椒粉 1/4 小匙

前晚準備 🌙

1 將馬鈴薯、洋蔥切成 0.5cm 的細絲。

2 熱鍋後倒入橄欖油，放入洋蔥以中弱火炒 1 分鐘，再放入馬鈴薯、鹽，炒 3 分鐘後，加入水並蓋上鍋蓋，煮 5 分鐘。

3 放入顆粒芥末醬，炒 30 秒後關火，撒上現磨胡椒粉拌勻。

BOX 1
兩種配菜就很足夠的 365 天輕食便當

辣炒花椰菜雞肉 &
涼拌芝麻黃豆芽 316 kcal

用辣炒口味的花椰菜雞肉，以及加入滿滿芝麻帶出香氣的爽脆黃豆芽做成的便當。雞胸肉能提供蛋白質，花椰菜和黃豆芽則有豐富膳食纖維與維他命。

涼拌芝麻黃豆芽

辣炒花椰菜雞肉

也可以加上清爽的小番茄，
就會是更美味的一餐。
小番茄（10 顆）24 kcal

高蛋白　血管健康　腸道健康　恢復疲勞　預防老化

辣炒花椰菜雞肉

🕐 20 ～ 30 分鐘
🍚 2 人份

- 雞胸肉 1 塊（或雞里肌肉 4 塊，100g）
- 花椰菜 1/4 棵（75g）
- 大蔥 10cm2 段
- 青陽辣椒 1 根（可省略）
- 大蒜 1 瓣（5g）
- 食用油 1 小匙

醃料

- 清酒 1 小匙
- 鹽少許
- 胡椒粉少許

調味料

- 水 5 大匙
- 辣椒粉 2 小匙
- 釀造醬油 1/2 小匙
- 辣椒醬 1/2 小匙
- 大醬 1/2 小匙（自製大醬為 1/3 小匙）
- 果寡糖 1 小匙

前晚準備 🌙

當日準備 ☀

1　將雞胸肉片切成一半厚度，切成適口大小，拌入醃料並靜置 10 分鐘以上。

2　花椰菜切成適口大小，大蔥和青陽辣椒切細，大蒜切片。將所有調味料放入碗中混合。

3　熱好的平底鍋中倒入食用油，放入大蔥、青陽辣椒、大蒜，以中火炒 30 秒，加入步驟 1 的雞胸肉炒 2 分鐘。

4　放入花椰菜、調味料再炒 2 分鐘。

涼拌芝麻黃豆芽

🕐 15 ～ 25 分鐘
🍚 2 人份

- 黃豆芽 2 把（100g）
- 韭菜 1/5 把（或細蔥、大蔥，10g）
- 水 2 大匙
- 鹽 1/4 小匙
- 磨碎的芝麻 1 大匙
- 芝麻油少許

前晚準備 🌙

1　將黃豆芽以流水洗淨，並過篩瀝乾水分。耐熱容器中放入黃豆芽、水、鹽，蓋上蓋子，放入微波爐加熱（700W）2 分鐘，再過篩瀝乾多餘水分，靜置冷卻。
也可以在煮滾的水（水 1 杯＋鹽 1/2 小匙）中放入黃豆芽，蓋上鍋蓋，以中火汆燙 3 分鐘。

2　韭菜切成 2cm 的小段，碗中放入黃豆芽、韭菜、磨碎的芝麻、芝麻油拌勻即可。

BOX 1
兩種配菜就很足夠的 365 天輕食便當

醬燒高麗菜魚板 &
涼拌紫蘇籽小黃瓜 288 kcal

加熱後能釋放出甜味的高麗菜，和軟 Q 的魚板一起燉煮成清淡的配菜，再加上小黃瓜、紫蘇籽粉和芝麻葉一起涼拌而成的清香小菜，成為清爽的便當料理。為了不讓小黃瓜出水並保持清脆，稍微醃過後將水分擠出再涼拌會更好。

醬燒高麗菜魚板

涼拌紫蘇籽小黃瓜

血管
健康

腸道
健康

醬燒高麗菜魚板

⏱ 15 ～ 25 分鐘
🍚 2 人份

- 非油炸處理的魚板（或
  炸魚板、雞胸肉 1 塊）
  100g
  ★將炸魚板放在篩子
  上，淋上熱水（3 杯）
  汆燙後，用力拍打將水
  分去除後再使用。
- 高麗菜 2 片
  （手掌大小，60g）
- 青陽辣椒 1 根
- 水 1/4 杯（50ml）+
  1/4 杯（50ml）
- 芝麻油少許

調味料
- 蒜泥 1 小匙
- 釀造醬油 1 又 1/2 小匙
- 果寡糖 1 小匙
- 胡椒粉少許

前晚準備 🌙

1 高麗菜切成 3×3cm 大
小，青陽辣椒切碎，魚
板切成適口大小。將全
部調味料的材料放入碗
中混合。

當日準備 ☀

2 熱好的平底鍋中放入
高麗菜和 1/4 杯的水
（50ml），以中火炒 3
分鐘。

3 放入魚板、青陽辣椒炒
1 分鐘後，加入調味料
和 1/4 杯的水（50ml），
燉煮 2 分鐘，再關火並
加入芝麻油拌勻。

涼拌紫蘇籽小黃瓜

⏱ 15 ～ 25 分鐘
🍚 2 人份

- 小黃瓜 1 根（200g）
- 洋蔥 1/8 顆（25g）
- 芝麻葉 5 片（10g）
- 鹽 1 小匙

調味料
- 辣椒粉 1 小匙
- 紫蘇籽粉 2 小匙
- 釀造醬油 2 小匙
- 果寡糖 1 小匙

前晚準備 🌙

1 小黃瓜切成厚 0.5cm，
撒上鹽醃漬 10 分鐘後，
泡入冷水中漂洗，再將
水分擠乾。

2 洋蔥切細絲，泡入冷水
5 分鐘以去除辛辣味，
過篩瀝乾水分。芝麻葉
對切後，切成 1cm 寬。

3 大碗中放入調味料的材
料並混合，再將所有材
料放入抓拌均勻。

BOX 1

兩種配菜就很足夠的 365 天輕食便當

綜合蔬菜蛋捲&清炒泡菜 372 kcal

將便當配菜中絕對少不了的蛋捲與炒泡菜，用更清淡的方式來烹調。蛋捲中加了滿滿的蔬菜，炒泡菜則是先將泡菜上的調味料稍微洗掉，再和能有效排出鈉與分解脂肪的洋蔥一起拌炒。

清炒泡菜

綜合蔬菜蛋捲

高麗菜大醬湯（第 17 頁）
31 kcal

預防老化

綜合蔬菜蛋捲

🕐 20 ～ 30 分鐘
🍚 2 人份

- 切碎的綜合蔬菜 1/2 杯
  （洋蔥、紅椒、花椰菜、
  胡蘿蔔等）
- 食用油 1 小匙＋ 1 小匙
  ＋ 1 小匙

蛋液
- 雞蛋 2 顆
- 鹽 1/4 小匙
- 清酒 1 小匙
- 胡椒粉少許

前晚準備 🌙

1 將蛋液的材料放入碗中
並打散後，加入切碎的
蔬菜拌勻。
蛋液中加入清酒混合，
有助於去除腥味。

當日準備 ☀

2 加熱好的平底鍋中，加
入食用油 1 小匙，倒入
1/3 分量步驟 1 的蛋液，
稍微傾斜鍋子，將蛋液
鋪開。用小火煎 1 分鐘
後，將蛋皮捲起到平底
鍋的邊緣，再淋上 1 小
匙食用油，倒入剩餘蛋
液的 1/2。

3 煎 1 分鐘後再將蛋皮捲
起，再撥到平底鍋邊緣。
再重複一次後，一邊輕
壓一邊調整形狀。

4 冷卻後切成適口大小。
冷卻再切才不會散開。

清炒泡菜

🕐 15 ～ 25 分鐘
🍚 2 人份

- 醃熟的白菜泡菜 2/3 杯
  （100g）
- 洋蔥 1/2 顆（100g）
- 細蔥 1 根（8g，可省略）
- 水 2 大匙

調味料
- 芝麻 1/2 小匙
- 果寡糖 1/2 小匙
- 紫蘇籽油（或芝麻油）
  2 小匙

前晚準備 🌙

1 白菜泡菜用流水將調味
料洗掉，擠乾水分後，
切成 2×2cm 大小。洋
蔥切成 2×2cm 大小，
細蔥切碎。將調味料的
材料放入碗中混合。

2 熱好的平底鍋中放入水
和洋蔥，以中火炒 2 分
鐘，放入白菜泡菜與調
味料，再炒 2 分鐘後，
關火並撒上細蔥。

BOX 1
兩種配菜就很足夠的 365 天輕食便當

芹菜炒雞肉 & 杏仁炒蝦米 406 kcal

用辣油來呈現香辣滋味的芹菜炒雞肉，是一道別具風味的配菜。豐富鮮味的蝦米與杏仁一起拌炒，展現獨特美味。

芹菜炒雞肉

杏仁炒蝦米

高蛋白　血管健康　骨骼健康　預防老化

芹菜炒雞肉

🕐 15 ～ 25 分鐘

🍽 2 人份

- 雞胸肉 1 塊（或雞里肌 肉 4 塊，100g）
- 芹菜 10cm3 段（或櫛 瓜 1/4 顆，60g）
- 大蒜 2 瓣（10g）
- 青陽辣椒 1 根（可省略）
- 食用油 1 小匙

醃料

- 清酒 1/2 小匙
- 鹽少許
- 胡椒粉少許

調味料

- 釀造醬油 1 小匙
- 果寡糖 1 小匙
- 辣油（或食用油）2 小 匙

前晚準備

當日準備

1 將雞胸肉先片薄成一半 厚度，再切成 1cm 厚， 拌入調和好的醃料醃漬 10 分鐘以上。

2 芹菜切斜片，大蒜切片， 青陽辣椒切斜片。將全 部調味料的材料放入碗 中混合。

3 熱好的平底鍋中倒入食 用油，放入大蒜以中火 炒 30 秒，放入雞胸肉炒 1 分鐘，再放入芹菜、 青陽辣椒、調味料一起 炒 2 分鐘。

杏仁炒蝦米

🕐 15 ～ 25 分鐘

🍽 2 人份

- 杏仁 30 顆 （或核桃 6 顆，30g）
- 蝦米 1/2 杯（12g）
- 清酒 1 大匙

調味料

- 水 1 大匙
- 芝麻 1 小匙
- 釀造醬油 1 小匙
- 果寡糖 1 小匙

前晚準備

1 杏仁切半，將調味料的 材料放入碗中混合。

2 熱好的平底鍋中放入蝦 米與清酒，以小火炒 1 分鐘後，盛盤備用。

3 將平底鍋擦拭乾淨，加 熱後放入杏仁，以小火 炒 1 分鐘，再加入調味 料炒 1 分鐘，再放入蝦 米混合拌勻。

BOX 1
兩種配菜就很足夠的 365 天輕食便當

大蔥炒茄子 & 明蝦蒸蛋 366 kcal

能讓人陷入茄子魅力的大蔥炒茄子，以及富有高蛋白質的明蝦蒸蛋，做成豐盛營養的便當。炒茄子的重點就是大蔥，用大火充分拌炒大蔥後，再炒茄子，就能保留大蔥的香氣與茄子的口感。

大蔥炒茄子

明蝦蒸蛋

高蛋白　預防老化

大蔥炒茄子

🕐 15 ～ 25 分鐘
🍽 2 人份

- 茄子 1 根（150g）
- 大蔥 10cm2 段
- 食用油 1 小匙
- 鹽少許

調味料
- 水 1 大匙
- 蒜泥 1 小匙
- 湯用醬油 1 小匙
- 大醬 1 小匙（自製大醬
  為 1/2 小匙）
- 果寡糖 1/2 小匙
- 紫蘇籽油 1 小匙
- 胡椒粉少許

前晚準備 🌙

1 茄子直切一半後，再以
0.5cm 厚切斜片，大蔥
切斜片。將調味料的材
料放入碗中混合。

當日準備 ☀

2 熱好的平底鍋中倒入食
用油，放入大蔥以中火
炒 30 秒，再放入茄子、
鹽，以中火炒 1 分鐘。

3 倒入調味料炒 2 分鐘。

明蝦蒸蛋

🕐 20 ～ 30 分鐘
🍽 2 人份

- 冷凍生蝦肉 4 隻（大隻，
  60g）
- 大蔥 10cm2 段
- 食用油 1 小匙
- 胡椒粉少許

蛋液
- 雞蛋 2 顆
- 清酒 1 大匙
- 鹽 1/4 小匙
- 水 1/2 杯（100ml）

前晚準備 🌙

1 將冷凍生蝦肉放入冷水
10 分鐘，解凍後，過篩
瀝乾水分，分成 4 等分。
大蔥切細。

2 熱好的平底鍋中倒入食
用油，放入大蔥、生蝦
肉，以中火炒 1 分鐘後
關火，撒上胡椒粉拌勻。

當日準備 ☀

3 將蛋液的材料倒入耐熱
容器中並混合，加入步
驟 2 再 攪 拌 一 次 後，
蓋上蓋子，放入微波爐
（700W）加熱 4 分鐘。

Tip 也可放入加熱冒出
蒸氣的蒸鍋中，蒸 20 分
鐘即可。

47

BOX 1

兩種配菜就很足夠的 365 天輕食便當

嫩煎雞蛋豆腐 & 涼拌小黃瓜魷魚絲 *375* kcal

沾上蛋液變得更清爽美味的煎豆腐，以及加入有嚼勁的辣味涼拌魷魚絲，就是開味又美味的午餐了。豆腐沾上蛋液後再煎烤，放了一段時間仍能保持濕潤。

涼拌小黃瓜魷魚絲

嫩煎雞蛋豆腐

高麗菜大醬湯
（第 17 頁）
31 kcal

高蛋白　血管健康　預防老化

嫩煎雞蛋豆腐

🕐 15 ～ 25 分鐘
🍽 2 人份

- 豆腐小盒 1 塊（涼拌用，105g）
- 雞蛋 1/2 顆
- 鹽少許
- 胡椒粉少許
- 食用油 1 小匙

調味料
- 辣椒粉 1/2 小匙
- 釀造醬油 1 小匙
- 料酒 1 小匙
- 芝麻油少許
- 芝麻少許

前晚準備

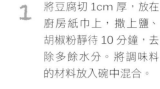
1 將豆腐切 1cm 厚，放在廚房紙巾上，撒上鹽、胡椒粉靜待 10 分鐘，去除多餘水分。將調味料的材料放入碗中混合。

2 將雞蛋打入碗中並打散後，放入豆腐均勻沾附蛋液。

當日準備 ☀

3 熱好的平底鍋中倒入食用油，放入豆腐，以中弱火煎 2 分鐘，翻面後再煎 1 分 30 秒，和調味料一起搭配食用。

涼拌小黃瓜魷魚絲

🕐 15 ～ 25 分鐘
🍽 2 人份

- 小黃瓜 1/2 根（100g）
- 魷魚絲 20g
- 鹽少許

調味料
- 芝麻 1 小匙
- 辣椒醬 2 小匙
- 芝麻油 1 小匙

前晚準備
🌙

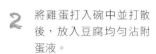
1 小黃瓜對切剖半後，依形狀切成薄片並放入碗中，撒上鹽醃漬 10 分鐘，再將水分擠乾。

2 碗中放入魷魚絲，並倒入可以蓋過魷魚絲分量的熱水，浸泡 5 分鐘後，以流水沖洗，再將水分擠乾，並切成適口大小。由於魷魚絲本身有調味且鹹度高，稍微泡過水，可以讓調味料釋出，並減低鹹度。

3 將調味料的材料放入大碗中混合，放入小黃瓜與魷魚絲抓拌均勻。

----- BOX 1 -----
兩種配菜就很足夠的 365 天輕食便當

香烤雞胸排＆青辣椒拌醬 302 kcal

這是一道營養與美味都搭配得相當均衡的便當，雞胸肉先以排骨醬料醃漬，再和蔬菜一起煎烤，並搭配切小段的青辣椒拌包飯醬。

搭配包飯用的蔬菜，就能更豐富地享用。包飯用蔬菜（5 片）9 kcal

青辣椒拌包飯醬

香烤雞胸排

高蛋白　血管健康　腸道健康　恢復疲勞

香烤雞胸排

🕐 20～30 分鐘
🍚 2 人份

- 雞胸肉 1 塊（100g）
- 洋蔥 1/4 顆（50g）
- 胡蘿蔔 1/4 根（50g）
  ★所有蔬菜都可以用同等分量取代
- 食用油 1 小匙
- 鹽少許
- 胡椒粉少許

調味料
- 蔥花 2 小匙
- 蒜泥 1/3 小匙
- 釀造醬油 1 小匙
- 果寡糖 1 小匙
- 芝麻油 1/2 小匙
- 胡椒粉少許

前晚準備

當日準備
☀

1　洋蔥切成 1cm 寬，胡蘿蔔先對切一半後，再以 0.5cm 厚切斜片。雞胸肉斜切成 0.5cm 的厚度，和碗中的調味料材料一起抓拌後，醃漬 10 分鐘以上。

2　熱好的平底鍋中放入洋蔥、胡蘿蔔、鹽，以大火炒 2 分鐘後關火，撒上胡椒粉拌勻。

3　將平底鍋擦乾淨，再加熱後倒入食用油，放入雞胸肉，以中火煎烤 3 分鐘。將雞胸肉裝入便當盒，旁邊放上洋蔥和胡蘿蔔搭配。

青辣椒拌醬

🕐 5～15 分鐘
🍚 2 人份

- 青辣椒 7 根（70g）
  註：青辣椒為韓國一種不辣的青色辣椒，比一般辣椒來得大且圓滾，類似糯米椒。

調味料
- 蒜泥 1/2 小匙
- 大醬 1/2 小匙（自製大醬為 1/3 小匙）
- 辣椒醬 1/2 小匙
- 果寡糖 1/2 小匙
- 芝麻油 1/2 小匙
- 芝麻少許

前晚準備

1　將調味料的材料放入大碗中混合。

2　將青辣椒切成 1.5cm 的小段，放入步驟 1 的碗中抓拌均勻。

----- BOX 1 -----

兩種配菜就很足夠的 365 天輕食便當

涼拌青江菜橡實凍&
大醬炒芹菜 279 kcal

將易碎的橡實凍切成小塊涼拌，品嘗起來更為方便。請享用拌得微辣的涼拌青江菜橡實凍，以及用香醇大醬醬料拌炒芹菜的便當菜吧。

大醬炒芹菜

多加一顆水煮蛋能增加蛋白質
水煮蛋（1 顆）76 kcal

涼拌青江菜橡實凍

血管 健康 ・ 恢復 疲勞 ・ 預防 老化

涼拌青江菜橡實凍

🕐 15 ～ 25 分鐘
🍚 2 人份

- 橡實凍 1/2 塊（或蒟蒻凍，150g）
- 青江菜 2 棵（或春白菜、高麗菜、天津大白菜 2 片，80g）

調味料
- 辣椒粉 1 小匙
- 蒜泥 1/2 小匙
- 釀造醬油 1/2 小匙
- 醋 1 小匙
- 梅子汁（或果寡糖）1 小匙
- 芝麻油 1/2 小匙
- 芝麻少許

前晚準備 🌙

當日準備 ☀

1　橡實凍切成 1.5 立方 cm 青江菜去除根部後，切成 1.5×1.5cm 大小。
如使用蒟蒻凍則要放入滾水中，汆燙 30 秒，再切成小立方狀。

2　將調味料的材料放入大碗中混合，放入橡實凍與青江菜抓拌均勻。

大醬炒芹菜

🕐 15 ～ 25 分鐘
🍚 2 人份

- 芹菜 10cm6 段（或櫛瓜 1/2 顆，120g）
- 紅辣椒 1/2 根（可省略）
- 食用油 1 小匙

調味料
- 芝麻 1/2 小匙
- 水 2 小匙
- 大醬 1 小匙
  （自製大醬為2/3小匙）
- 果寡糖 1/2 小匙
- 芝麻油 1/2 小匙

前晚準備 🌙

當日準備 ☀

1　芹菜切成 0.3cm 的斜片，紅辣椒切小片，將調味料的材料放入碗中混合。

2　熱好的平底鍋中倒入食用油，放入芹菜，以中火炒 1 分鐘。

3　放入調味料、紅辣椒再炒 1 分鐘。

BOX 1

兩種配菜就很足夠的 365 天輕食便當

巴薩米克醋炒洋蔥 &
菠菜炒蛋 345 kcal

將洋蔥充分炒過能引出甜味，再加入巴薩米克醋來呈現風味，並搭配能攝取到大量菠菜的菠菜炒蛋，強力推薦大家試試看這道清爽的便當配菜。

巴薩米克醋
炒洋蔥

菠菜炒蛋

恢復
疲勞

預防
老化

巴薩米克醋炒洋蔥

⏱ 15 ～ 25 分鐘
🍚 2 人份

- 洋蔥 1 顆（200g）
- 食用油 1/2 小匙
- 鹽少許
- 巴薩米克醋 1 小匙
- 釀造醬油 1 小匙

前晚準備 🌙

1 洋蔥平均切成 0.5cm 的細絲狀。

當日準備 ☀

2 熱好的平底鍋中倒入食用油，放入洋蔥、鹽，以中弱火炒 5 分鐘。

3 加入巴薩米克醋炒 1 分鐘，再加入釀造醬油炒 1 分鐘。

菠菜炒蛋

⏱ 15 ～ 25 分鐘
🍚 2 人份

- 菠菜 2 把（或羽衣甘藍 10 片，100g）
- 雞蛋 2 顆
- 食用油 1 小匙
- 鹽少許＋少許

Tip 也可以在烤好的雜糧麵包中，夾入巴薩米克醋炒洋蔥和菠菜炒蛋，當成三明治來享用。

前晚準備 🌙

1 切除菠菜的根部，用流水清洗後，放在篩子上過濾水分，再切成 1cm 的寬度。

當日準備 ☀

2 熱好的平底鍋中倒入食用油，放入雞蛋與少許鹽，以中火拌炒至熟。

3 再放入菠菜與少許鹽，轉大火炒 1 分鐘。

BOX 1
兩種配菜就很足夠的 365 天輕食便當

綜合蔬菜鮪魚煎餅 &
涼拌黃太魚絲 393 kcal

含有豐富蛋白質與不飽和脂肪的鮪魚，和家裡現有的蔬菜、雞蛋拌勻後再煎熟，就成了更加健康的配菜。再搭配有助於開胃的甜辣涼拌黃太魚絲，就完成了美味與健康兼具的便當菜。

綜合蔬菜
鮪魚煎餅

涼拌黃太魚絲

高蛋白　預防貧血　骨骼健康　恢復疲勞　預防老化

綜合蔬菜鮪魚煎餅

🕐 15～25 分鐘
🍚 2 人份

- 切碎的綜合蔬菜 1 杯
  （洋蔥、紅椒、花椰菜、
  胡蘿蔔等）
- 水煮鮪魚罐頭 1 罐
  （小罐，或鮭魚罐頭，
  100g）
- 雞蛋 1 顆
- 鹽少許
- 胡椒粉少許
- 食用油 2 小匙

前晚準備
🌙

1 將鮪魚放在篩子上，用
湯匙將多餘的油壓出。

2 將食用油以外的所有食
材放入碗中並拌勻。

當日準備
☀️

3 熱好的平底鍋中倒入食
用油，爐火轉中弱火，
分別挖取 1 大匙步驟 2
的食材，鋪開成 6cm 直
徑大小，將正反兩面分
別以小火煎 2 分鐘至金
黃色。

可依鍋子大小分次煎
烤，油不夠時，可加油
再煎。

涼拌黃太魚絲

🕐 10～20 分鐘
🍚 2 人份

- 黃太魚絲 1 杯（20g）
  註：將處理過的明太魚，
  放置戶外的曬乾場，經過
  整個冬季反覆地結凍融化、
  日曬風乾，明太魚會轉為
  黃色，因此稱為黃太魚。

調味料
- 水 1 大匙（浸泡黃太魚）
- 芝麻 1 小匙
- 胡椒粉 1 小匙
- 蒜泥 1/2 小匙
- 辣椒醬 2 小匙
- 果寡糖 1 小匙
- 芝麻油 1 小匙

前晚準備
🌙

1 用剪刀將黃太魚絲剪成
5cm 的小段，放入裝有
熱水的碗中泡濕。

2 將黃太魚絲的水分擠乾
後，撕成細絲，並將 1
大匙泡黃太魚的水舀入
碗中。

利用泡黃太魚的水來做
醬料，能增添黃太魚特
有的香味。

3 在步驟 2 的大碗中，放
入調味料攪拌，再加入
黃太魚絲抓拌均勻。

靜置 10 分鐘，讓調味料
均勻入味會更好吃。

BOX 1
兩種配菜就很足夠的 365 天輕食便當

炒香菇高麗菜 &
涼拌花椰菜豆腐 307kcal

加入紫蘇籽粉炒成的香菇高麗菜，香氣四溢，以及用壓碎的豆腐泥拌成像沙拉又像野菜的清爽涼拌花椰菜豆腐，是味道極為搭配的一款便當。

炒香菇高麗菜

涼拌花椰菜豆腐

血管健康　腸道健康　預防貧血　恢復疲勞

炒香菇高麗菜

🕐 15 ～ 25 分鐘
🍚 2 人份

- 秀珍菇 3 把（或其他菇類，150g）
- 高麗菜 3 片（手掌大小，或天津大白菜，90g）
- 紅辣椒 1/2 根（或青陽辣椒，可省略）
- 水 2 大匙
- 鹽少許

調味料
- 紫蘇籽粉 1 大匙
- 水 1 大匙
- 釀造醬油 1 小匙

前晚準備 🌙

1 秀珍菇的底部切除後，撕成方便食用的大小。高麗菜以 1cm 寬切絲，紅辣椒直切一半後，將籽去掉，切成長條狀。

2 將調味料的材料放入碗中混合。

當日準備 ☀️

3 平底鍋加熱後再放入高麗菜和水，以中火加熱 1 分鐘，放入秀珍菇、鹽拌炒 1 分鐘，再放入全部調味料、紅辣椒炒 1 分鐘。

涼拌花椰菜豆腐

🕐 15 ～ 25 分鐘
🍚 2 人份

- 花椰菜 1/3 棵（100g）
- 豆腐小盒 1 塊（涼拌用，105g）
- 調味海苔碎屑（A4 大小 1 張份）

調味料
- 蔥花 1 小匙
- 湯用醬油 1 小匙
- 紫蘇籽油（或芝麻油）1 小匙

前晚準備 🌙

1 先煮好要汆燙豆腐和花椰菜的水（2 杯）。花椰菜切成 2 立方 cm 大小，將豆腐放入滾水中汆燙 30 秒後，放在篩子上瀝乾水分。此時，水要繼續煮滾。

2 在步驟 1 的滾水中加入少許鹽、花椰菜，汆燙 30 秒後，放在篩子上用冷水漂洗，再將水分擠乾。用刀背將豆腐壓碎後，用手將水分擠乾。

3 將豆腐和調味料的材料放入大碗中抓拌，再加入花椰菜、調味海苔碎屑抓拌均勻。

BOX 1
兩種配菜就很足夠的 365 天輕食便當

菇菇芝麻葉烤肉 & 綠豆芽拌蔥絲 318 kcal

減少肉類用量,並增加有豐富膳食纖維的菇類,以及香氣宜人的芝麻葉,再搭配適合和肉類料理一起吃的拌蔥絲綠豆芽,就完成一款豐盛的便當菜色。

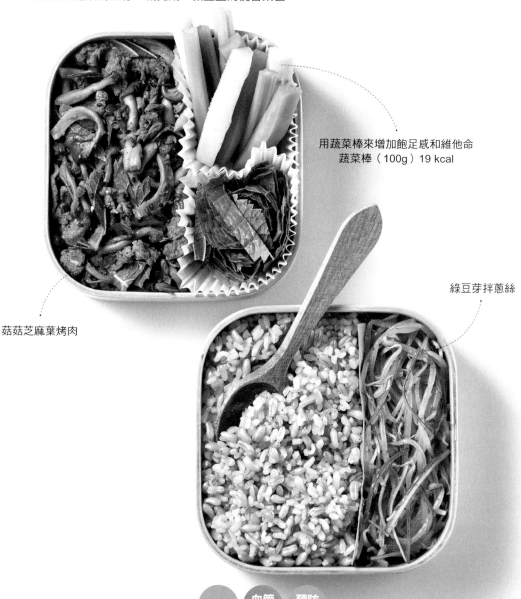

用蔬菜棒來增加飽足感和維他命
蔬菜棒(100g)19 kcal

綠豆芽拌蔥絲

菇菇芝麻葉烤肉

高蛋白　血管健康　預防老化

菇菇芝麻葉烤肉

🕐 25 ～ 35 分鐘
🍚 2 人份

- 火鍋用牛肉（或雞胸肉）100g
- 秀珍菇 2 把（或其他菇類，100g）
- 芝麻葉 10 片（20g）
- 食用油 1/2 小匙

調味料
- 蔥花 1 大匙
- 清酒 1 大匙
- 釀造醬油 1 大匙
- 梅子汁（或果寡糖）1/2 大匙
- 蒜泥 1 小匙
- 芝麻油 1 小匙
- 胡椒粉少許

前晚準備 🌙

當日準備 ☀

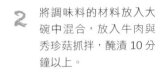

1 秀珍菇的底部切除後，撕成方便食用的大小。將芝麻葉對切，再以 1cm 的寬度切絲。用廚房紙巾包住牛肉去除血水，再切成 3cm 寬。

2 將調味料的材料放入大碗中混合，放入牛肉與秀珍菇抓拌，醃漬 10 分鐘以上。

3 熱好的平底鍋中倒入食用油，放入步驟 2，以中火炒 3 分 30 秒 ～ 4 分鐘後，關火，放入芝麻葉拌勻。

綠豆芽拌蔥絲

🕐 15 ～ 25 分鐘
🍚 2 人份

- 綠豆芽 2 把（100g）
- 大蔥 10cm（可省略）
- 水 2 大匙
- 鹽少許

調味料
- 芝麻 2 小匙
- 胡椒粉 1 小匙
- 釀造醬油 1 小匙
- 芝麻油 1/2 小匙

前晚準備 🌙

當日準備 ☀

1 綠豆芽以流水沖洗後，放在篩子上瀝乾。將綠豆芽、水、鹽放入耐熱容器中，蓋上蓋子，放入微波爐(700W)加熱 30 秒，再放在篩子上瀝乾多餘水分，靜置冷卻。

也可將綠豆芽放入滾水（3 杯）＋鹽(1/2 小匙)中，以中火汆燙 30 秒。

2 將大蔥對切後，再切成細絲，放入冷水中漂洗幾次，去除辛辣味後，將水分瀝乾。

如果擔心大蔥的香氣會讓便當的味道太重，也可省略。

3 將調味料的材料放入大碗中混合，再放入綠豆芽、大蔥抓拌均勻。

BOX 1

兩種配菜就很足夠的 365 天輕食便當

辣味鮪魚 & 香菇炒甜椒 338kcal

喜歡吃罐頭的辣味鮪魚嗎？現在也可以親自製作來享用。考量到鮪魚本身的鹹度，將調味料減至最少，再和清脆又帶有嚼勁口感的香菇炒甜椒一起品嘗，就是毫不遜色的一餐。

香菇炒甜椒

辣味鮪魚

高蛋白　血管健康　腸道健康　預防貧血　恢復疲勞

辣味鮪魚

🕐 15 ～ 25 分鐘
🥣 2 人份

- 水煮鮪魚罐頭 1 罐（小罐，100g）
- 切成 1cm 大小的綜合蔬菜 1 杯（洋蔥、紅椒、花椰菜、胡蘿蔔等）
- 青陽辣椒 1 根
- 食用油 1 小匙
- 鹽少許
- 胡椒粉少許

調味料
- 減鈉番茄醬 1 大匙
- 清酒 1 小匙
- 釀造醬油 1/2 小匙
- 辣椒醬 1 小匙
- 果寡糖 1/2 小匙

前晚準備 🌙

當日準備 ☀

1 將鮪魚放在篩子上，用湯匙將多餘的油脂壓出。青陽辣椒切碎，調味料放入碗中混合。

2 熱好的平底鍋中倒入食用油，放入綜合蔬菜、青陽辣椒、鹽，以中火炒 2 分鐘。

3 放入鮪魚與調味料再炒 1 分鐘，關火後撒上胡椒粉拌勻。

香菇炒甜椒

🕐 15 ～ 25 分鐘
🥣 2 人份

- 甜椒 1 顆（或紅椒 1 顆、洋蔥 1/2 顆，200g）
- 杏鮑菇 2 朵（或秀珍菇 3 把，160g）
- 食用油 1 小匙
- 蒜泥 1 小匙
- 鹽少許
- 釀造醬油 1/2 大匙
- 胡椒粉少許

前晚準備 🌙

當日準備 ☀

1 甜椒切成 2×2cm 大小，將杏鮑菇的底部切除，直切成四等分，再切成 0.5cm 的薄片。

2 熱好的平底鍋中倒入食用油，放入蒜泥，以中弱火炒 30 秒，再放入杏鮑菇、鹽，轉成大火炒 2 分鐘。
菇類用大火炒時，口感會變得更有嚼勁，出水也較少，很適合當成便當配菜。

3 加入甜椒、釀造醬油，炒 1 分鐘後，關火並撒上胡椒拌勻。

---- BOX 1 ----
兩種配菜就很足夠的 365 天輕食便當

豆瓣醬炒牛肉 & 烤蔬菜 353 kcal

將香辣的極品醬汁——豆瓣醬，用清淡的方式呈現，並用來拌炒牛肉，更為健康。豆瓣醬炒牛肉很適合和清爽的烤蔬菜一起享用，蔬菜烤過後，味道和營養都變得更加豐富。

豆瓣醬炒牛肉

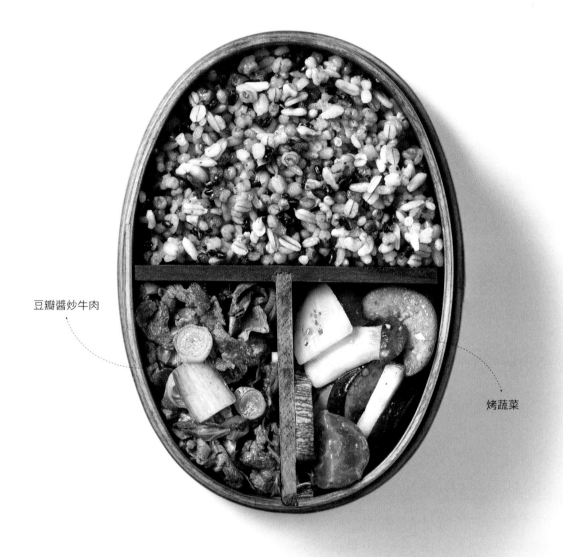

烤蔬菜

高蛋白　血管健康　恢復疲勞　預防老化

豆瓣醬炒牛肉

🕐 20 ～ 30 分鐘
🍚 2 人份

- 烤肉用牛肉（或火鍋用）
  100g
- 青江菜 2 株（或春白菜、
  高麗菜、天津大白菜 2
  片，80g）
- 大蔥 10cm
- 辣油 1 小匙

醃料

- 清酒 1/2 大匙
- 鹽少許
- 胡椒粉少許

調味料

- 辣椒碎片 1 小匙
- 水 2 小匙
- 釀造醬油 1/2 小匙
- 大醬 1/2 小匙（自製大
  醬為 1/3 小匙）
- 果寡糖 1/2 小匙
- 胡椒粉少許

前晚準備

1　用廚房紙巾包住牛肉去除血水後，切成 2cm 寬，和醃料一起抓拌後，醃漬 10 分鐘以上。將調味料放入碗中混合。

2　將青江菜的根部切除，再切成適口大小。大蔥切碎。

當日準備 ☀

3　熱好的平底鍋中倒入辣油，放入大蔥以中火炒 30 秒，放入牛肉炒 1 分 30 秒，再放入青江菜與調味料，轉成大火炒 1 分鐘。

烤蔬菜

🕐 15 ～ 25 分鐘
🍚 2 人份

- 綜合蔬菜（茄子、櫛瓜、
  洋蔥、小番茄、香菇等）

醃料

- 橄欖油 1 大匙
- 咖哩粉 1/4 小匙
- 蒜泥 1/2 小匙
- 鹽少許
- 現磨胡椒粉少許

前晚準備

1　綜合蔬菜先對切一半，再切成 1cm 寬或適口大小，將醃料的材料放入碗中，再一起抓拌均勻。

當日準備 ☀

2　熱好的平底鍋中，放入所有蔬菜，以大火翻炒 2 分鐘。

BOX 1

兩種配菜就很足夠的 365 天輕食便當

番茄豆芽菜豬肉 &
低鹽醬煮黑豆 411 kcal

用脂肪含量最少的豬腰內肉部位，來試著做看看不一樣的肉類配菜吧。番茄能增添風味，綠豆芽增加爽脆口感，而生薑則是能去除腥味。減少鹽分更清爽的醬煮黑豆也很適合用來減肥。

搭配新鮮的果汁
補充維他命 C
85 kcal ／ 200ml

低鹽醬煮黑豆

番茄豆芽菜
豬肉

 高蛋白 腸道健康 血管健康

番茄豆芽菜豬肉

🕐 20 ～ 30 分鐘
🍚 2 人份

- 豬腰內肉（或雞胸肉 1 塊）100g
- 綠豆芽 1 把（50g）
- 番茄 1/2 顆（75g）
- 食用油 1 小匙
- 鹽少許
- 現磨胡椒粉少許

醃料

- 辣椒碎片 1/2 小匙
- 薑末 1/4 小匙
- 清酒 1 小匙
- 釀造醬油 1 小匙
- 鹽少許

前晚準備 🌙

當日準備 ☀

1 用廚房紙巾包住豬腰內肉去除血水，再切成 0.5cm 的細絲，和醃料一起抓拌後，醃漬 10 分鐘以上。綠豆芽用流水沖洗後，放在篩子上瀝乾水分。

2 番茄去籽，切成 0.5cm 寬的薄片狀。

3 熱好的平底鍋中倒入食用油，放入步驟 1 的豬肉，以中火炒 1 分 30 秒。

4 放入綠豆芽，轉成大火炒 1 分鐘，再放入番茄和鹽炒 30 秒，關火並撒上現磨的胡椒粉拌勻。

低鹽醬煮黑豆

🕐 25 ～ 35 分鐘
　（＋泡黑豆 3 小時）
🍚 2 人份

- 黑豆 1/3 杯（未泡開前，40g）
- 昆布 5×5cm
- 水 1 又 1/2 杯（300ml）
- 芝麻 1 小匙
- 釀造醬油 1 又 1/2 小匙
- 果寡糖 1 又 1/2 小匙

前晚準備 🌙

1 將黑豆和水（3 杯）放入碗中，包好保鮮膜放入冰箱冷藏室，浸泡 3 小時以上。將泡好的黑豆放在篩子上瀝乾水分，鍋子中放入黑豆、昆布和水，以大火加熱。

2 以大火煮滾後，轉為中火煮 10 分鐘，放入芝麻、釀造醬油、果寡糖煮 10 分鐘至熟。
煮滾時所產生的泡沫，要用細篩或湯匙撈起。

BOX 1

兩種配菜就很足夠的 365 天輕食便當

青江菜炒豬肉 &
蒸高麗菜包核桃包飯醬 392 kcal

蒸高麗菜放涼後，香味和甜味會變得更好，很適合作為便當的配菜。豬肉先用醬油醃過再炒，就是極富鮮味的青江菜炒豬肉，試著搭配看看吧。

加上一點水果，
能讓便當更顯清爽
葡萄柚（1/4 顆，100g）
34 kcal

蒸高麗菜包
核桃包飯醬

青江菜炒豬肉

血管
健康　腸道
健康　恢復
疲勞

青江菜炒豬肉

🕐 20～30 分鐘
🍚 2 人份

- 豬腰內肉（或雞胸肉）
  100g
- 青江菜 2 株（或春白菜、
  高麗菜、天津大白菜 2
  片，80g）
- 胡蘿蔔 1/4 根（50g）
- 食用油 1/2 小匙
- 鹽少許
- 芝麻油少許

醃料
- 蒜泥 1/2 小匙
- 清酒 1 小匙
- 釀造醬油 1 小匙
- 胡椒粉少許

調味料
- 水 1/4 杯（50ml）
- 釀造醬油 1 小匙

前晚準備 🌙

當日準備 ☀

1 用廚房紙巾包住豬肉去
除血水，再切成 0.5cm
的細絲，和混合好的醃
料一起抓拌後，醃漬 10
分鐘以上。

2 將青江菜的根部切除，
切成適口大小。胡蘿蔔
切成 0.5cm 的細絲。

3 熱好的平底鍋中倒入食
用油，放入步驟 1 的豬
肉，以中火炒 1 分 30 秒，
再放入胡蘿蔔炒 1 分鐘。

4 加入調味料炒 1 分鐘，
放入青江菜和鹽炒 30 秒
後，關火並淋上芝麻油
拌勻。

蒸高麗菜包核桃包飯醬

🕐 10～20 分鐘
🍚 2 人份

- 高麗菜 6 片（手掌大小，
  180g）

核桃包飯醬
- 核桃碎粒 1 大匙（或其
  他堅果類，10g）
- 辣椒粉 1 小匙
- 純水 1 小匙
- 辣椒醬 1 小匙
- 大醬 1 小匙
- 果寡糖 1/2 小匙
- 芝麻油 1/2 小匙

前晚準備 🌙

1 將高麗菜放入耐熱容器
中，並蓋上蓋子，放入
微波爐（700W）加熱 3
分鐘。
也可放入加熱至冒出蒸
氣的蒸鍋中，蒸 10 分鐘
即可。

2 將所有材料放入碗中混
合，搭配蒸高麗菜一起
品嘗。

BOX 1
兩種配菜就很足夠的 365 天輕食便當

炒綠豆芽蝦仁&
燉花椰菜馬鈴薯 436 kcal

提到泰式炒河粉就會想到的炒綠豆芽蝦仁，以及用熟悉食材烹調出不同風格的燉花椰菜馬鈴薯，
成為特別的一餐。

炒綠豆芽蝦仁

燉花椰菜
馬鈴薯

高蛋白　腸道健康　預防貧血　恢復疲勞　預防老化

炒綠豆芽蝦仁

⏱ 15 ～ 25 分鐘
🍱 2 人份

- 冷凍生蝦肉 5 隻（大隻，75g）
- 綠豆芽 2 把（100g）
- 韭菜 1/2 把（25g）
- 洋蔥 1/8 顆（25g）
- 雞蛋 1 顆
- 花生碎粒 1 大匙（或其他堅果類碎粒，10g）
- 食用油 1 小匙

醃料
- 清酒 1 大匙
- 胡椒粉少許

調味料
- 蒜泥 1/3 小匙
- 釀造醬油 1 又 1/2 小匙
- 果寡糖 1/2 小匙
- 鹽少許
- 胡椒粉少許

前晚準備 🌙

當日準備 ☀

1 將冷凍生蝦肉放入冷水（2 杯）中 10 分鐘，解凍後剖半，和醃料一起抓拌後醃漬 5 分鐘以上。將雞蛋打入碗中並打散後，放入調味料混合。

2 韭菜切成 5cm 長的小段，洋蔥切成 0.5cm 寬的細絲。綠豆芽用流水洗淨後，放在篩子上瀝乾水分。

3 熱好的平底鍋中倒入油，倒入步驟 1 的蛋液，以中火炒熟，放入洋蔥炒 30 秒，放入生蝦肉炒 1 分鐘，再放入綠豆芽和調味料，轉大火炒 1 分鐘後，關火並加入韭菜和花生碎粒拌勻。

燉花椰菜馬鈴薯

⏱ 20 ～ 30 分鐘
🍱 2 人份

- 馬鈴薯 1 顆（200g）
- 花椰菜 1/3 棵（100g）
- 辣油 1 小匙
- 鹽 1/4 小匙
- 芝麻油 1/2 小匙

調味料
- 昆布 5×5cm
- 料酒 1 大匙
- 辣椒粉 1 小匙
- 蒜泥 1/2 小匙
- 釀造醬油 2 小匙
- 胡椒粉少許
- 水 1 杯（50ml）

前晚準備 🌙

1 將花椰菜和馬鈴薯切成 2cm 的立方大小，馬鈴薯泡入冷水中，以去除多餘澱粉，再放到篩子上瀝乾水分。將調味料的材料放入碗中混合。

2 熱好的平底鍋中倒入辣油，放入馬鈴薯和鹽，以小火炒 3 分鐘，倒入調味料，轉中火煮滾後，再蓋上鍋蓋燉煮 3 分鐘。

3 放入花椰菜拌勻後，轉大火燉 2 分鐘，關火並將昆布撈起，淋上芝麻油拌勻。
如果攪拌過頭，馬鈴薯可能會散開，稍微輕輕拌一下即可。

BOX 1
兩種配菜就很足夠的 365 天輕食便當

醬燒蘑菇雞胸肉&
海苔包花椰菜 319 kcal

醬燒蘑菇雞胸肉以及用海苔包花椰菜，不論熱量、鹽分、烹調方式都極為清爽無負擔，在炎炎夏日裡享用也很開胃。

醬燒蘑菇雞胸肉

海苔包花椰菜

高蛋白　血管健康　腸道健康　恢復疲勞　預防老化

醬燒蘑菇雞胸肉

🕐 25 ～ 35 分鐘
🍚 2 人份

- 雞胸肉 1 塊（或雞里肌
  肉、豬腰內肉，100g）
- 蘑菇 5 朵（或其他菇類，
  100g）
- 大蒜 3 瓣（15g）

調味料
- 釀造醬油 1 又 1/2 大匙
- 料酒 1/2 大匙
- 果寡糖 1/2 大匙
- 胡椒粉少許
- 水 1 又 1/2 杯（300ml）

前晚準備 🌙

1 　將蘑菇的底部切除，再
切成 4 等分，大蒜切片。
雞胸肉依長度切半後，
再切成 0.5cm 厚。

2 　鍋子中放入雞胸肉、大
蒜、調味料，以大火煮
滾後，轉成中弱火，再
燉煮 10 分鐘。
煮滾時所產生的泡沫，
要用細篩或湯匙撈起。

3 　放入蘑菇再煮 5 分鐘。

海苔包花椰菜

🕐 10 ～ 20 分鐘
🍚 2 人份

- 飯捲用海苔 2 張
  （A4 大小）
- 花椰菜 1/3 棵（100g）

清爽版醋辣醬
- 磨碎的芝麻 1 小匙
- 洋蔥末 2 小匙
- 純水 1 小匙
- 醋 1 小匙
- 辣椒醬 2 小匙
- 果寡糖 1 小匙

前晚準備

1 　鍋中放入水（3 杯）、鹽
（1 小匙）煮滾，用來氽
燙花椰菜。將飯捲用海
苔切成 6 等分，花椰菜
切成 2cm 立方大小。

2 　將花椰菜放入煮滾的步
驟 1 的水中，氽燙 1 分
鐘後，放入冷水中漂洗，
再將水分擠乾。

3 　將醋辣醬的材料放入碗
中混合。
用海苔包起花椰菜後，
沾清爽版醋辣醬食用。

BOX 2

不用配菜也一樣健康美味

BALANCE
均衡便當

一碗富含均衡營養的便當,製作簡單,能替忙碌的上班生活補充元氣。蓋飯、拌飯、
炒飯等各種米飯做成的「一碗料理」,無論男女老少都會喜歡的好滋味。此單元的菜色,
即使烹調後經過一段時間,常溫享用也同樣保有美味。

PLUS TIP

· 用微波爐(700W)加熱 2 分～ 2 分 30 秒,就能享受到熱呼呼的美味。
· 請盡量將飯、蓋飯醬汁、拌飯醬料分開盛裝。
· 醃漬物配菜、湯品、沙拉或果昔另外盛裝,就能品嘗到更完美豐盛的一餐。(美味的
常備配菜食譜請參考第 17 ～ 21 頁)

BOX 2
不用配菜也一樣健康美味的均衡便當

美乃滋雞胸肉蓋飯 407kcal

油脂少的烤雞胸肉、放上滿滿含有豐富鉀質的蘑菇，再和細蔥醬油美乃滋醬一起拌來吃的蓋飯。
活用洋蔥、細蔥和山葵醬，即使冷了一樣能美味享用。

醃漬小番茄（第 18 頁）
22 kcal

高蛋白　預防貧血　預防老化

材料

- 熱的糙米飯 1 碗（或雜穀飯，120g）
- 雞胸肉 1 塊（或雞里肌肉 4 塊，100g）
- 蘑菇 4 朵（80g）
- 洋蔥 1/4 顆（50g）
- 食用油 1 小匙
- 鹽少許

醃料

- 清酒 1 小匙
- 鹽少許
- 胡椒粉少許

細蔥醬油美乃滋醬

- 細蔥 1 根（8g）
- 低卡美乃滋 1 大匙
- 釀造醬油 1 小匙
- 料酒 1 小匙
- 山葵醬 1/2 小匙

前晚準備 🌙

1. 將細蔥切細，蘑菇的底部切除後，依 0.5cm 厚切片。洋蔥切細絲，放入冷水（1 杯）10 分鐘，以去除辛辣味，再放到篩子上瀝乾水分。將細蔥醬油美乃滋醬的材料放入碗中混合。

2. 將雞胸肉片薄成一半厚度，再切成 0.5cm，拌入醃料醃漬 10 分鐘以上。

當日準備 ☀

3. 熱好的平底鍋中放入蘑菇和鹽，以大火炒 1 分鐘，再盛出備用。

4. 將平底鍋擦乾淨，再加熱後倒入食用油，放入步驟 2 的雞胸肉，以中火炒 3 分鐘。

5. 將飯、蘑菇、雞胸肉、洋蔥裝入便當盒中，並將細蔥醬油美乃滋醬裝入醬汁容器。
品嘗時，將細蔥醬油美乃滋醬倒入拌勻。

BOX 2
不用配菜也一樣健康美味的均衡便當

黃太魚蔬菜蓋飯 386 kcal

當成配菜的黃太魚，也可以做成蓋飯來享用。用辣油炒過增添辣度，還能保有蔬菜的爽脆口感，再加上一顆荷包蛋來增加蛋白質與風味，讓營養加分。

高麗菜大醬湯（第 17 頁）
31 kcal

高蛋白　恢復疲勞　預防老化

材料

- 熱的糙米飯 1 碗
  （或雜穀飯，120g）
- 黃太魚絲 1/2 杯
  （10g）
- 甜椒 1/2 顆（或紅椒
  1/4 顆，50g）
- 洋蔥 1/8 顆（25g）
- 熱水 1/3 杯（70ml）
- 雞蛋 1 顆
- 食用油 1 小匙
- 辣油（或食用油）
  1 小匙

調味料

- 泡黃太魚的水 1/3 杯
  （70ml）
- 辣椒粉 1 小匙
- 蒜泥 1/2 小匙
- 清酒 1 小匙
- 釀造醬油 1 小匙
- 胡椒粉少許

前晚準備 🌙

1. 將甜椒和洋蔥切成
   0.5cm 寬的細絲。

2. 用剪刀將黃太魚絲剪
   成 5cm 的小段，放入
   裝熱水的碗中泡開後，
   將水分擠乾。取另一個
   碗，加入泡黃太魚的水
   （70ml）和其餘調味料
   混合。

3. 熱好的平底鍋中倒入食
   用油，打入雞蛋，以中
   弱火煎 1 分 30 秒，煎熟
   後盛盤備用。
   如果想要荷包蛋全熟，
   再翻面多煎 1 分鐘。

4. 將平底鍋擦乾淨，再加
   熱後倒入食用油，放入
   黃太魚絲與洋蔥，以中
   火炒 1 分鐘。

當日準備 ☀

5. 加入甜椒與調味料炒 1
   分鐘。

6. 將飯裝入便當盒，放上
   荷包蛋，並用另一個容
   器盛裝步驟 5。
   品嘗時，將炒黃太魚放
   在飯上，拌勻再享用。

BOX 2

不用配菜也一樣健康美味的均衡便當

花椰菜番茄咖哩飯 431 kcal

放入滿滿的番茄、洋蔥、花椰菜的咖哩飯，光看就讓人食指大動。用番茄來增加鮮甜，花椰菜讓
營養加分，低脂的豬腰內肉則可以補充蛋白質，達到全面的營養。

血管
健康

腸道
健康

恢復
疲勞

預防
老化

材料

- 熱的糙米飯 1 碗（或雜穀飯，120g）
- 番茄 1 顆（或小番茄 5 顆，150g）
- 花椰菜 1/6 棵（50g）
- 洋蔥 1/2 顆（100g）
- 豬腰內肉 50g（或豬里肌肉、雞里肌肉 2 塊、雞胸肉 1/2 塊）
- 橄欖油 1 小匙
- 水 2 大匙 ＋ 3/4 杯（150ml）
- 咖哩粉 1 大匙（或咖哩塊 1/2 塊，10g）

前晚準備 🌙

1. 洋蔥切成 1×1cm 大小，番茄、花椰菜切成 1 cm 立方大小。

2. 豬腰內肉一樣切成 1 cm 立方大小。

當日準備 ☀

3. 熱好的平底鍋中倒入橄欖油，放入洋蔥，以中火炒 2 分鐘，再放入番茄、花椰菜、豬肉炒 2 分鐘。

4. 倒入 3/4 杯的水，轉成大火煮滾後，再以小火熬煮 4 分鐘。加入咖哩粉並完全拌開，邊煮邊攪拌 1 分鐘。

5. 將飯裝入便當盒，另一個容器盛裝咖哩醬汁。

　品嘗時，將咖哩醬汁倒在飯上，拌勻再享用。

BOX 2

不用配菜也一樣健康美味的均衡便當

菇菇日式牛肉燴飯 400 kcal

放入滿滿的菇類增加飽足感，用水代替油來拌炒，去除油膩感。用日式牛肉燴飯醬汁燉煮，使牛肉變得更加軟嫩，很適合搭配白菜泡菜一起品嘗。

白菜泡菜（100g）
18 kcal

高蛋白　血管健康　預防貧血　骨骼健康　預防老化

82

材料

- 熱的糙米飯 1 碗
  （或雜穀飯，120g）
- 蘑菇 10 朵（或其他菇類，200g）
- 洋蔥 1/4 顆（50g）
- 火鍋用牛肉 50g
  （或烤肉用、雞胸肉 1/2 塊）
- 水 1 大匙＋1 杯
  （200ml）
- 牛肉燴飯塊 1 塊
  （約 17g）
- 胡椒粉少許

前晚準備
🌙

當日準備
☀

1 將蘑菇的底部切除後，依形狀切成 0.5cm 厚的薄片。洋蔥切成 1×1cm 大小。

2 用廚房紙巾將牛肉包起以去除血水，再切成適口大小。

3 熱好的平底鍋中倒入水 1 大匙和洋蔥，以中火炒 1 分鐘。

4 再放入牛肉和蘑菇炒 3 分鐘。

5 放入水 1 杯、牛肉燴飯塊、胡椒粉，以大火煮滾後，轉成小火，邊煮邊攪拌 6～7 分鐘。
品嘗時，將牛肉燴飯醬倒在飯上，拌勻食用。

BOX 2

不用配菜也一樣健康美味的均衡便當

美生菜牛丼飯 384 kcal

這道料理改變一般人對牛丼飯較為油膩的印象！牛丼中絕對不能缺少的牛肉，是使用油脂相對較少的烤肉用牛肉，再放上滿滿的美生菜絲，增加清脆口感、膳食纖維，並帶來飽足感。

高蛋白　預防老化

材料

- 熱的糙米飯 1 碗（或雜穀飯，120g）
- 火鍋用牛肉 70g（或烤肉用、雞胸肉 2/3 塊）
- 美生菜 2 片（手掌大小，或包飯用蔬菜，30g）
- 洋蔥 1/4 顆（50g）
- 雞蛋 1 顆

調味料

- 昆布 5×5cm
- 釀造醬油 2 小匙
- 料酒 1 小匙
- 胡椒粉少許
- 水 1/2 杯（100ml）

前晚準備 🌙

1　用剪刀將昆布剪成寬 0.5cm 的細絲，全部調味料放入碗中混合。

2　美生菜和洋蔥切成寬 0.5cm 的細絲，雞蛋打入碗中並打散。

3　用廚房紙巾包住牛肉去除血水，再切成 1cm 寬的大小。

當日準備 ☀

4　熱好的鍋中，放入洋蔥，以中火炒 1 分鐘，再放入牛肉炒 1 分 30 秒。

5　倒入步驟 1 的調味料煮滾後，轉成小火煮 3 分鐘，倒入步驟 2 的蛋液再煮 1 分鐘。

6　將飯和美生菜裝入便當盒，另一個容器盛裝步驟 5。

品嘗時，將所有食材拌勻再享用。

BOX 2

不用配菜也一樣健康美味的均衡便當

麻婆醬牛肉茄子蓋飯 388 kcal

用香辣的蓋飯來刺激食慾吧！麻婆醬，簡單就能在家製作，低鹽更健康，再和茄子一起拌炒，就完成了一道味道濃郁的蓋飯。

高蛋白　血管健康　預防老化

材料

- 熱的糙米飯 1 碗（或
  雜穀飯，120g）
- 火鍋用牛肉（或烤肉
  用、雞胸肉 1 塊）
  100g
- 茄子 1/2 根（75g）
- 鹽 1/4 小匙
- 食用油 1 小匙

醃料

- 清酒 1 小匙
- 鹽少許
- 胡椒粉少許

麻婆醬

- 切碎的青陽辣椒 1 根
- 蒜泥 1/2 小匙
- 大醬 1/2 小匙
- 辣椒醬 1 小匙
- 果寡糖 1/2 小匙
- 胡椒粉少許
- 水 1/4 杯（50ml）

前晚準備 🌙

當日準備 ☀

1. 茄子先對切剖半，再以
   0.5cm 切片後，放入碗
   中加鹽稍微抓拌，醃漬
   15 分鐘以上，再將水分
   擠乾。

2. 用廚房紙巾包住牛肉去
   除血水，再切成 1cm
   寬，放入碗中和醃料一
   起抓拌，醃漬 10 分鐘以
   上。取另一個碗，放入
   麻婆醬的材料拌勻。

3. 熱好的平底鍋中倒入食
   用油，放入步驟 2 的牛
   肉，以中火炒 1 分 30 秒。

4. 放入茄子炒 1 分鐘，再
   倒入麻婆醬炒 30 秒。

5. 將飯裝入便當盒，另一
   個容器盛裝步驟 4。

   品嘗時，將炒牛肉茄子
   舀在飯上，拌勻再享用。

BOX 2

不用配菜也一樣健康美味的均衡便當

辣炒香菇蓋飯 274 kcal

帶有菇類豐富嚼勁口感的蓋飯，用香菇來取代豬肉，先以辣炒豬肉的醬料醃漬再炒過，還加了大蔥、洋蔥、青陽辣椒、芝麻葉等香辛料，讓風味更佳。

高麗菜大醬湯（第 17 頁）
31 kcal

血管
健康　腸道
健康　預防
老化

材料

- 熱的糙米飯 100g（或雜穀飯，約 1 碗）
- 秀珍菇 4 把（或其他菇類，200g）
- 洋蔥 1/8 顆（25g）
- 芝麻葉 5 片（10g）
- 青陽辣椒 1/2 根（可省略）
- 大蔥 10cm
- 食用油 1 小匙

調味料

- 水 1 大匙
- 果寡糖 1/2 大匙
- 鹽 1/4 小匙
- 辣椒粉 2 小匙
- 蒜泥 1/2 小匙
- 清酒 1 小匙
- 釀造醬油 1 小匙
- 胡椒粉少許

前晚準備 🌙

1. 將調味料的材料放入碗中混合。將秀珍菇的底部切除後，依照紋路撕開，洋蔥切成 0.5cm 的細絲。

2. 芝麻葉先對切後，再切成 0.5cm 寬。青陽辣椒和大蔥切碎。

當日準備 ☀

3. 熱好的平底鍋中倒入食用油，放入大蔥，以中弱火炒 30 秒，再放入秀珍菇、洋蔥、青陽辣椒，轉成中火炒 1 分鐘。

4. 倒入調味料炒 1 分鐘。

5. 將飯裝入便當盒，另一個容器盛裝步驟 4，再放上芝麻葉。
   品嘗時，將辣炒香菇和芝麻葉放在飯上，拌勻再享用。

--- BOX 2 ---
不用配菜也一樣健康美味的均衡便當

大醬櫛瓜豆腐蓋飯 *365* kcal

烤過後更能釋放出甜味的蔬菜，以及有豐富蛋白質的豆腐，用大醬醬料燉煮後，和米飯一起拌來吃的料理。不使用油，先將蔬菜和豆腐清爽地煎烤過再調味，即使放置一段時間也不太會出水。

醃漬芹菜洋蔥
（第 19 頁）
　　13 kcal

 高蛋白　 血管健康　 腸道健康　 預防老化

材料

- 熱的糙米飯 1 碗（或雜穀飯，120g）
- 豆腐小盒 1 塊（涼拌用，105g）
- 櫛瓜 1/7 顆（40g）
- 茄子 1/5 根（30g）
- 洋蔥 1/8 顆（25g）
- 金針菇 1 把（或其他菇類，50g）
- 食用油 1 小匙
- 蒜泥 1/2 小匙
- 蔥花 2 小匙

調味料

- 水 5 大匙
- 大醬 1/2 大匙
- 辣椒粉 1 小匙（可省略）
- 釀造醬油 1/2 小匙
- 果寡糖 2/3 小匙

前晚準備 🌙

1 將金針菇底部切除並切成 2 等分，再依紋路撕開。櫛瓜和茄子依 0.5cm 的厚度切開，再切分成 4 等分。

2 洋蔥切成 2×2cm 大小，豆腐切成適口大小。將調味料的材料放入碗中混合。

3 熱好的平底鍋中放入櫛瓜、茄子、洋蔥、豆腐，以中火將兩面都煎烤過後，盛盤備用。

如果鍋子不夠大，也可將豆腐分開煎烤。

當日準備 ☀

4 將平底鍋擦拭乾淨，再加熱後倒入食用油，放入蒜泥和蔥花，用小火炒 1 分鐘，再倒入步驟 2 調味料一起煮。

5 調味料煮滾後，放入步驟 3 和金針菇，轉成中火炒 1 分 30 秒。

6 將飯裝入便當盒，另一個容器盛裝步驟 5。

品嘗時，將配料舀在飯上，拌勻再享用。

BOX 2

不用配菜也一樣健康美味的均衡便當

辣味蝦仁高麗菜炒飯 350 kcal

為了讓便當保持乾爽美味，需用大火快炒高麗菜，使水分盡量蒸發，再加入蝦仁來增添蛋白質與風味，成為一道豐盛且有飽足感的炒飯。

搭配原味優格更有飽足感
88 kcal ／ 1 瓶（85g）

高蛋白　預防貧血　骨骼健康　恢復疲勞　預防老化

材料

- 糙米飯 100g
  （或雜穀飯，約 1 碗）
- 冷凍生蝦肉 7 隻
  （大隻，105g）
- 高麗菜 4 片（或天津
  大白菜，120g）
- 細蔥 1 根
  （8g，可省略）
- 大蒜 2 瓣（10g）
- 食用油 2 小匙
- 辣椒碎片 1/2 小匙
  （或切碎的青陽辣椒
  1/2 根）
- 釀造醬油 1 小匙
- 鹽少許
- 胡椒粉少許

前晚準備 🌙

1 將冷凍生蝦肉泡入冷水
（2 杯）10 分鐘，解凍
後，過篩瀝乾水分，用
刀子剖半。

2 高麗菜切細絲，細蔥切
碎，大蒜切片。

當日準備 ☀

3 熱好的平底鍋中倒入食
用油，放入辣椒碎片和
大蒜，以中火炒 30 秒。

4 放入生蝦肉炒 1 分鐘，
再加入糙米飯和釀造醬
油炒 1 分鐘。

5 放入高麗菜和鹽，轉大
火炒 1 分鐘後，關火撒
上細蔥和胡椒粉拌勻。

BOX 2

不用配菜也一樣健康美味的均衡便當

羽衣甘藍烤肉炒飯 350 kcal

在烤肉炒飯中加入羽衣甘藍，就能更清爽地享用。膽固醇含量較高的牛肉，和膳食纖維豐富的羽衣甘藍一起食用，更能取得平衡。再搭配鮮綠蔬果昔，就是營養均衡的一餐！

鮮綠蔬果昔
（第 21 頁）
108 kcal

高蛋白　血管健康　預防老化

材料

- 糙米飯 1 碗（或雜穀飯，120g）
- 牛絞肉（或烤肉用、火鍋用）70g
- 包飯用羽衣甘藍 5 片（或芝麻葉 12 片，25g）
- 食用油 1 小匙

調味料

- 洋蔥末 1 大匙（10g）
- 蒜泥 1 小匙
- 蔥花 1 小匙
- 釀造醬油 1 小匙
- 清酒 1 小匙
- 果寡糖 1/2 小匙
- 芝麻油 1/2 小匙
- 鹽少許
- 胡椒粉少許

前晚準備 🌙

當日準備 ☀

1 用廚房紙巾包住牛絞肉，以去除血水。將調味料放入大碗中混合，再把 1/2 的調味料舀入另一個小碗中備用。牛絞肉放入大碗中抓拌，醃漬 10 分鐘以上。

2 羽衣甘藍用流水洗淨，放在篩子上瀝乾水分。

3 將羽衣甘藍的硬梗切掉，對切一半後，再切成細絲。

4 熱好的平底鍋中倒入食用油，放入步驟 1 的牛肉，以中火炒 1 分 30 秒。
為避免牛肉結成一團，要將勺子立起，一邊弄碎一邊拌炒。

5 放入糙米飯以及步驟 1 剩下的調味料，以中火炒 1 分鐘後，關火放入羽衣甘藍拌勻。

BOX 2

不用配菜也一樣健康美味的均衡便當

小黃瓜鮪魚炒飯 349 kcal

將鮪魚、小黃瓜、糙米飯和咖哩粉一起拌炒的料理。咖哩的香氣不但具有異國風味，還可以去除鮪魚的腥味。搭配熱量較低的小黃瓜，能增添爽脆的口感。

醃漬小番茄（第18頁）
22 kcal

高蛋白　血管健康　血管健康　骨骼健康　預防老化

材料
- 糙米飯 1 碗（或雜穀飯，120g）
- 水煮鮪魚罐頭 1 罐（小罐，100g）
- 小黃瓜 1/2 根（100g）
- 大蔥 10cm
- 食用油 1 小匙
- 鹽少許
- 咖哩粉 1 小匙
- 胡椒粉少許

前晚準備 🌙

1 將小黃瓜中間的籽去除後，切成 0.5cm 立方大小，大蔥切細。
將水分較多的小黃瓜籽去除，可使完成的便當較不易出水。

2 將鮪魚放在篩子上，用湯匙將多餘油脂壓出。

當日準備 ☀

3 熱好的鍋中倒入食用油，放入小黃瓜、大蔥、鹽，以中火炒 1 分鐘。

4 放入糙米飯和咖哩粉炒30 秒，再放入鮪魚炒30 秒後，關火撒上胡椒粉拌勻。

BOX 2
不用配菜也一樣健康美味的均衡便當

辣味小魚乾炒飯 296 kcal

用洋蔥和料酒去除小魚乾的腥味，再以青陽辣椒爽口的辣度增添風味，和清爽的大蔥蛋花湯一起品嘗，就是飽足的一餐。

大蔥蛋花湯
（第 17 頁）
104 kcal

預防
老化

材料

- 糙米飯 1 碗
  （或雜穀飯，120g）
- 小魚乾 1/2 杯（20g）
- 洋蔥 1/4 顆（50g）
- 青陽辣椒 1/2 根
  （可依個人喜好加減）
- 辣油
  （或食用油）1 小匙

調味料

- 料酒 1/2 大匙
- 辣椒醬 1 小匙

前晚準備
🌙

1　碗中放入小魚乾和水（1杯），浸泡 5 分鐘後，將小魚乾放在篩子上，用流水沖洗，再將水分瀝乾。
小魚乾的鹽分較高，稍微泡過水可減少鹽分。

2　洋蔥切成 0.5×0.5cm 大小，青陽辣椒切碎，將調味料的材料放入碗中混合。

當日準備
☀

3　熱好的平底鍋中倒入辣油，放入洋蔥，以中火炒 2 分鐘。

4　放入小魚乾、青陽辣椒炒 1 分鐘，再放入糙米飯和調味料炒 1 分鐘。

BOX 2

不用配菜也一樣健康美味的均衡便當

泡菜蛋炒飯 390 kcal

泡菜炒飯清爽又帶勁，很適合在炎炎夏日裡享用。將泡菜先用流水沖洗可降低鹹度，僅保留風味
與口感，做成更清爽無負擔的泡菜炒飯，再加上雞蛋增加蛋白質與飽足感。

生菜沙拉佐巴薩米克醋醬汁
（第 20 頁）56 kcal

高蛋白　腸道健康　骨骼健康　預防老化

材料

- 糙米飯 1 碗（或雜穀飯，120g）
- 醃熟的白菜泡菜 1 杯（150g）
- 細蔥 1 根（8g）
- 食用油 1/2 小匙
- 釀造醬油 1/2 小匙
- 果寡糖 1 小匙

蛋液

- 雞蛋 2 顆
- 鹽 1/4 小匙
- 胡椒粉少許

前晚準備 🌙

1　將細蔥切碎，白菜泡菜用流水清洗後，擠乾水分，切成 1×1cm 大小。

2　將蛋液的材料加入碗中並打散。

當日準備 ☀

3　熱好的平底鍋中倒入食用油，加入步驟 2 的蛋液，以中火加熱 30 秒，再用筷子攪拌 30 秒。

4　放入糙米飯、白菜泡菜、釀造醬油、果寡糖，轉成大火炒 30 秒後，關火再撒上細蔥拌勻。

BOX 2

不用配菜也一樣健康美味的均衡便當

輕食蛋包飯 421 kcal

今天來享用一下更為輕食的蛋包飯吧！在炒飯裡加入滿滿的菇類，增加飽足感，炒飯時加入一點點番茄醬，可以提升風味，讓美味加分。

搭配不加糖的果汁，
補充維他命 C
42 kcal ／ 100ml

高蛋白　預防貧血　骨骼健康　預防老化

材料

- 糙米飯 100g（或雜穀飯，約 1 碗）
- 蘑菇 10 朵（或其他菇類，200g）
- 洋蔥 1/8 顆（25g）
- 釀造醬油 1 小匙
- 減鈉番茄醬 1 小匙
- 食用油 1 小匙 + 1 小匙

蛋液

- 雞蛋 2 顆
- 鹽少許
- 胡椒粉少許

前晚準備 🌙

1　洋蔥切成 0.5×0.5cm 大小，將蘑菇的底部切除後，先對切再切成 0.5cm 厚。

2　將蛋液的材料加入碗中並打散。

3　熱好的平底鍋中倒入食用油 1 小匙，放入蘑菇、洋蔥，以中火炒 2 分鐘。

4　加入糙米飯、釀造醬油、減鈉番茄醬，炒 2 分鐘後盛盤備用。

當日準備 ☀

5　將平底鍋擦乾淨，再加熱後加入食用油 1 小匙，倒入步驟 2 的蛋液，加熱 1 分 30 秒至熟。

6　將步驟 4 放在一半蛋皮上，再折起一半的蛋皮，加熱 1 分 30 秒。

BOX 2

不用配菜也一樣健康美味的均衡便當

海苔豆腐炒飯 366 kcal

將豆腐炒得酥香，再加入紫蘇籽油、大蔥、調味海苔讓風味更突出的炒飯。放入大量的豆腐使得分量十足，再配上沙拉就是營養均衡的一餐，還能補充膳食纖維。

生菜沙拉佐巴薩米克
醋醬汁（第 20 頁）
56 kcal

高蛋白　血管健康　腸道健康　預防貧血　骨骼健康

材料

- 糙米飯 1 碗（或雜穀飯，120g）
- 豆腐大盒 1 塊（涼拌用，150g）
- 大蔥 10cm2 段
- 調味海苔碎屑（A4 大小 1 張份）
- 鹽少許
- 紫蘇籽油（或芝麻油）1 大匙
- 釀造醬油 1 小匙
- 胡椒粉少許

前晚準備

1 豆腐切成 1 cm 立方大小，放在廚房紙巾上，撒上鹽靜待 10 分鐘，去除多餘水分。

2 將大蔥切細。

當日準備

3 熱好的平底鍋中倒入紫蘇籽油，放入大蔥，以中火炒 30 秒，再放入豆腐炒 1 分鐘。

4 加入糙米飯、釀造醬油炒 1 分鐘。

5 關火，撒上調味海苔碎屑和胡椒粉拌勻。

BOX 2
不用配菜也一樣健康美味的均衡便當

辣雞炒飯佐芽菜 392 kcal

偶爾想來點微辣滋味時,不妨來做這道辣雞炒飯吧!辣炒雞肉做成的炒飯,放上新鮮芽菜,再擠上一點點美乃滋增添香氣。搭配水果一起享用,不但能中和辣味,也可以補充維他命。

草莓 5 顆(100g)
35 kcal

高蛋白 血管健康 預防老化

材料

- 糙米飯 1 碗（或雜穀飯，120g）
- 雞胸肉 1 塊（或雞里肌肉 4 塊，100g）
- 洋蔥 1/3 顆（或胡蘿蔔，70g）
- 青陽辣椒 1 根（可依個人喜好加減）
- 芽菜 1 把（或其他包飯用蔬菜，20g）
- 食用油 1 小匙
- 低卡美乃滋 1 小匙

調味料

- 辣椒粉 1 小匙
- 蒜泥 1 小匙
- 料酒 2 小匙
- 釀造醬油 1 小匙
- 辣椒醬 1 又 1/2 小匙

前晚準備 🌙

1 將雞肉切成 1 cm 立方大小，和調味料一起抓拌，醃漬 10 分鐘以上。

2 洋蔥切成 0.5×0.5cm 大小，青陽辣椒切碎。芽菜放在篩子上用流水沖洗後，將水分瀝乾。

當日準備 ☀

3 熱好的平底鍋中倒入食用油，放入洋蔥，以中火炒 1 分鐘，再放入步驟 1 的雞胸肉與青陽辣椒，拌炒 2 分鐘。

4 放入糙米飯再拌炒 1 分 30 秒。

5 將步驟 4 裝入便當盒，放上芽菜，再擠上美乃滋即可。

BOX 2

不用配菜也一樣健康美味的均衡便當

醃蘿蔔豆腐拌飯 335 kcal

用高蛋白質的豆腐，做成清爽又有飽足感的便當吧！將醃蘿蔔片上的調味料稍微洗掉，
而菇類則用大火來炒，更有口感並能增添美味。

生菜沙拉佐檸檬橄欖
油醬汁（第 20 頁）
57 kcal

血管
健康　　腸道
健康

108

材料

- 熱的糙米飯 1 碗（或雜穀飯，120g）
- 醃蘿蔔片 10 片（50g）
- 杏鮑菇 10 朵（或其他菇類，80g）
- 豆腐小盒 1/2 塊（涼拌用，105g）
- 食用油 1 小匙
- 包飯醬 1 小匙

調味料

- 辣椒粉 1 小匙
- 芝麻油 1 小匙

前晚準備 🌙

1 將醃蘿蔔片用流水沖洗後，將水分擠乾，切成 1cm 寬，和調味料一起放入碗中抓拌均勻。

2 將豆腐切成 3 等分後，放在廚房紙巾上靜置 10 分鐘，以去除多餘水分。

3 切除杏鮑菇的底部後，直切成 2 等分，再切成 0.5cm 的薄片。

當日準備 ☀

4 熱好的平底鍋中倒入食用油，放入豆腐煎 3 分鐘，每一面都要均勻煎烤到，再盛盤備用。

5 將杏鮑菇放入，以大火炒 2 分鐘，最後將所有食材裝入便當盒。

品嘗時，將所有食材拌勻享用。

BOX 2
不用配菜也一樣健康美味的均衡便當

番茄炒蛋拌飯 356 kcal

將滋味鮮甜的小番茄與雞蛋一起拌炒，做成有滑嫩蓋飯風味的拌飯吧！為了增添爽脆口感與香氣，加入泡菜讓美味更加分。

醃漬烤杏鮑菇
（第 18 頁）
16 kcal

預防
老化

110

材料

- 熱的糙米飯 1 碗
  （或雜穀飯，120g）
- 小番茄 5 顆（或番茄
  1/2 顆，75g）
- 白菜泡菜 1/3 杯
  （50g）
- 洋蔥 1/8 顆（25g）
- 雞蛋 1 顆
- 食用油 1 小匙

調味料

- 辣椒碎片 1/2 小匙
  （可省略）
- 料酒 1 小匙
- 釀造醬油 1 小匙
- 芝麻油 1 小匙
- 胡椒粉少許

前晚準備 🌙

1　將小番茄對切，洋蔥以寬 0.5cm 切絲。白菜泡菜用流水沖洗後，將水分擠乾，切成 0.5cm 的細絲。

2　將調味料的材料放入大碗中混合，放入白菜泡菜、洋蔥抓拌均勻。

3　熱好的平底鍋中倒入油，打入雞蛋，以中火拌炒 1 分鐘，盛盤備用。

當日準備 ☀

4　將步驟 3 的鍋子擦乾淨，再加熱後放入步驟 2，炒 1 分鐘，最後放入小番茄一邊壓碎一邊炒，約 1 分鐘。

5　將飯裝入便當盒，另一個容器盛裝步驟 3 和步驟 4。

品嘗時，將所有食材拌勻享用。

BOX 2
不用配菜也一樣健康美味的均衡便當

堅果辣椒黃瓜拌飯 402 kcal

清脆且富含水分的青陽辣椒，用堅果包飯醬拌過，再和米飯一起拌來吃的拌飯。包飯醬中加了核桃增添香氣，再放上荷包蛋更是補充蛋白質的小祕訣！

 腸道健康 恢復疲勞 預防老化

材料

- 熱的糙米飯 1 碗（或雜穀飯，120g）
- 黃瓜辣椒 3 根（60g）
- 雞蛋 1 顆
- 食用油 1 小匙

堅果包飯醬

- 核桃碎粒 1 大匙（或其他堅果類，10g）
- 蒜泥 1/3 小匙
- 純水 1 小匙
- 大醬 1 又 1/2 小匙（自製大醬為 1/3 小匙）
- 辣椒醬 1/2 小匙
- 梅子汁（或果寡糖）1 小匙
- 芝麻油 1/2 小匙

前晚準備 🌙

1 將青陽辣椒的籽去除後切小段。

2 將堅果包飯醬的材料放入大碗中混合，再放入青陽辣椒抓拌均勻。

當日準備 ☀

3 熱好的平底鍋中倒入食用油，打入雞蛋，以中火煎 1 分 30 秒至熟。

如果想要吃到全熟蛋，可再翻面多煎 1 分鐘。

4 將飯裝入便當盒，放上荷包蛋，並用另一個容器盛裝堅果包飯醬拌青陽辣椒。

品嘗時，將所有食材拌勻享用。

BOX 2

不用配菜也一樣健康美味的均衡便當

鮪魚沙拉蔬菜拌飯 328 kcal

拌入美乃滋醬的鮪魚與蔬菜，和米飯一起拌來吃的拌飯。美乃滋醬裡的辣椒醬能去除鮪魚的腥味，
並用辣度來讓滋味更加豐富。無需開火烹調，忙碌的早晨三兩下就能完成。

高蛋白　血管健康　預防貧血　骨骼健康　預防老化

材料

- 熱的糙米飯 1 碗（或雜穀飯，120g）
- 水煮鮪魚罐頭 1 罐（小罐，100g）
- 蔬菜 20g（或芽菜 1 把）
- 洋蔥 1/8 顆（25g）

美乃滋醬

- 料酒 1 小匙
- 低卡美乃滋 1 小匙
- 辣椒醬 1 小匙

前晚準備 🌙

1　鮪魚放在篩子上，用湯匙將多餘油脂壓出。

2　蔬菜用流水洗淨，並將水分瀝乾。

當日準備 ☀

3　蔬菜切成寬 1cm 的細絲，洋蔥切碎。

4　將美乃滋醬的材料放入大碗中混合，再放入鮪魚、洋蔥拌勻。

5　將飯裝入便當盒，並放上步驟 4，另一個容器盛裝蔬菜。

品嘗時，將所有食材拌勻享用。

BOX 3

享受清爽美味

FRESH
沙拉便當

試著用多種蔬菜及高蛋白食材，做成新鮮又有飽足感的沙拉便當吧！不僅分量充足，可以維持整天的能量，也無需擔心熱量，再搭配清爽的沙拉醬汁，讓心情也變得輕盈起來。

PLUS TIP

- 將沙拉醬汁另外盛裝，烤明蝦、雞胸肉等配料也分開盛裝，品嘗時再拌在一起食用。另外，吃的時候將配料稍微沾沙拉醬汁，會比全部拌在一起吃，更有助於瘦身。
- 為了能更新鮮享用，夏天時可將保冷劑或冰水和便當放在一起保存。

BOX 3
享受清爽美味的沙拉便當

泰式風味雞肉沙拉 278 kcal

能品嘗到花生醬做成的沙拉醬汁，以及芹菜帶來的獨特香氣，加上低油且清爽的雞胸肉，還有膳食纖維豐富的美生菜，能維持飽足感。加上適量的花生碎粒，讓風味更加分。

高蛋白　血管健康　預防老化

材料

- 雞胸肉 1 塊（或雞里肌肉 4 塊，100g）
- 美生菜 3 片（或高麗菜 1 片、沙拉用生菜，45g）
- 櫻桃蘿蔔 1 顆（或胡蘿蔔 1/10 根，10g，可省略）
- 芹菜 10cm（20g）
- 花生碎粒 1 大匙（或其他堅果類，10g）
- 食用油 1 小匙

醃料

- 料酒 1 大匙
- 檸檬汁 1 小匙
- 釀造醬油 1 小匙

花生醬沙拉醬汁

- 檸檬汁 1 小匙
- 低脂牛奶 2 大匙
- 釀造醬油 1 小匙
- 花生醬 1 小匙
- 果寡糖 1 小匙

前晚準備 🌙

1 雞胸肉切成 3 cm 立方大小，和醃料一起抓拌均勻，醃 10 分鐘以上。

2 將美生菜以流水洗淨，瀝乾水分後，切成 1cm 的細絲，櫻桃蘿蔔切成薄片，芹菜切斜片。

3 將花生醬沙拉醬汁的材料放入碗中混合後，裝入沙拉醬汁的容器。

當日準備 ☀

4 熱好的平底鍋中倒入食用油，放入雞胸肉，以中弱火加熱 3 分鐘烤熟。

5 將除了沙拉醬汁以外的所有材料放入碗中，拌勻後裝入便當盒，再附上沙拉醬汁。

品嘗時，倒入沙拉醬汁拌勻再享用。

BOX 3

享受清爽美味的沙拉便當

豆腐柑橘卡布里沙拉 376 kcal

這道料理以豆腐代替起司，和番茄、清爽的水果做成更無負擔的卡布里沙拉。將豆腐烤過後，使水分減少會更便於裝入便當。醬汁中加入羅勒讓風味更好。

★卡布里沙拉
番茄、莫札瑞拉起司和羅勒做成的義大利卡布里風味的沙拉。

高蛋白　血管健康　腸道健康　骨骼健康　恢復疲勞

120

材料

- 豆腐小盒 1 塊（涼拌用，210g）
- 番茄 2/3 顆（或小番茄 7 顆，100g）
- 柳橙 1/3 顆（或葡萄柚 1/4 顆，100g）

香草巴薩米克醋醬汁

- 羅勒末 1 小匙（或乾香草粉 1/2 小匙，1g）
- 巴薩米克醋 2 大匙
- 果寡糖 2 小匙
- 橄欖油 1 大匙
- 鹽少許

前晚準備 🌙

當日準備 ☀

1 將豆腐切 1cm 厚，放在廚房紙巾上，靜置 10 分鐘，去除多餘水分。

2 先將番茄對切後，切成 1cm 厚。切掉柳橙上下兩端，再將果皮削除，對切後切成 1cm 厚。

3 將除了羅勒末與橄欖油之外的香草巴薩米克醋醬汁材料放入小鍋子中，以中火煮滾後，轉小火熬煮並持續攪拌 2 分鐘，直到變成像蜂蜜般的濃度為止，再靜置冷卻。

4 將羅勒末與橄欖油放入步驟 3 的鍋中，拌勻後裝入醬汁容器。

5 熱好的平底鍋中放入豆腐，以中火分別將兩面煎烤 1 分 30 秒，再放置冷卻。將所有的食材依序裝入便當盒中，再附上步驟 4 的醬汁。

BOX 3
享受清爽美味的沙拉便當

小紅莓鮪魚沙拉 344 kcal

含有豐富不飽和脂肪與蛋白質的鮪魚，不管怎麼吃都相當美味，這次用來當成沙拉的食材。鮪魚、雞蛋、小紅莓乾、芽菜，以及香醇牛奶沙拉醬汁融合而成的清爽沙拉。

搭配全麥餅乾更飽足
741 kcal／4 片

高蛋白　骨骼健康　預防老化

材料

- 水煮鮪魚罐頭 1/2 罐（或鮭魚罐頭小罐，50g）
- 芽菜 1 又 1/2 把（或沙拉用生菜，30g）
- 雞蛋 1 顆
- 洋蔥末 2 大匙（20g）
- 小紅莓乾 2 大匙（或果乾）
- 核桃碎粒 1 大匙（或其他堅果碎粒）

牛奶沙拉醬汁

- 低脂牛奶 1 又 1/2 大匙
- 檸檬汁 1/2 大匙
- 低卡美乃滋 1 又 1/2 大匙
- 顆粒芥末醬 1 小匙
- 現磨胡椒粉少許

Tip 也可當成三明治的內餡。

前晚準備 🌙

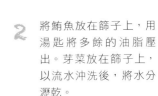

1　鍋子中放入雞蛋並倒入水至蓋過雞蛋的高度，以大火煮滾後，轉小火煮 13 分鐘。冷卻後剝下蛋殼，切成 5 等分。

2　將鮪魚放在篩子上，用湯匙將多餘的油脂壓出。芽菜放在篩子上，以流水沖洗後，將水分瀝乾。

3　將牛奶沙拉醬汁的材料放入碗中混合後，裝入沙拉醬汁的容器。

當日準備 ☀

4　除了沙拉醬汁以外所有的食材放入大碗中，拌勻後盛入便當盒中，再附上牛奶沙拉醬汁。

品嘗時，倒入沙拉醬汁拌勻再享用。

BOX 3
享受清爽美味的沙拉便當

鷹嘴豆沙拉 *155* kcal

水煮鷹嘴豆與蔬菜，搭配香甜沙拉醬汁，讓人可以更無負擔地享用。鷹嘴豆沒有豆腥味，具飽足感，並含有豐富的膳食纖維，再加上富含蛋白質與鈣質，是蔬食主義者很常享用的食材。

血管
健康

恢復
疲勞

材料

- 鷹嘴豆1/4杯（或四季豆，泡開前，40g）
- 包飯用蔬菜（芥菜、瑞士甜菜、菊苣等）30g
- 紅椒1/4顆（50g）
- 小番茄3顆（或番茄1/2顆，45g）

花生沙拉醬汁

- 花生碎粒1/2大匙（或其他堅果類，5g）
- 洋蔥末1/2大匙（5g）
- 原味優格3大匙
- 檸檬汁1小匙
- 顆粒芥末醬（或芥末醬）1/2小匙
- 鹽少許

前晚準備 🌙

1 將鷹嘴豆與3倍分量的水加入碗中，包好保鮮膜放入冰箱冷藏室，浸泡8小時以上。

豆子如果未浸泡，在步驟2中就要多加2杯水煮40分鐘。

2 將鷹嘴豆、水3杯、鹽1/2小匙加入鍋子中，以大火煮滾後，轉中弱火煮15分鐘，過篩並靜置冷卻。

3 將蔬菜用流水洗淨，放在篩子上將水分瀝乾後，切成適口大小。

4 紅椒切成1.5×1.5cm大小，小番茄切4等分。

如使用牛番茄則切成2cm立方大小。

5 將花生沙拉醬汁的材料放入碗中混合，將所有食材裝入便當盒，再附上沙拉醬汁。

也可以加入沙拉醬汁拌勻後，再裝入便當盒。

BOX 3
享受清爽美味的沙拉便當

羽衣甘藍雞胸肉佐墨西哥沙拉醬 268 kcal

這款沙拉便當的沙拉醬汁，加了辣醬更能呈現異國風味。雞胸肉先用咖哩粉醃漬，讓風味更好。
羽衣甘藍和番茄能讓沙拉更豐富、更具飽足感。

搭配一杯檸檬氣泡水，
讓心情也跟著煥然一新
0 kcal

高蛋白　血管健康　骨骼健康　恢復疲勞　預防老化

⏱ 20 ～ 30 分鐘　🥣 1 人份

材料

- 雞胸肉 1 塊（或雞里肌肉 4 塊，100g）
- 羽衣甘藍 10 片（或菠菜 1/2 把，沙拉用生菜 30g，50g）
- 小番茄 5 顆（或番茄 1/2 顆，75g）
- 洋蔥 1/8 顆（25g）

醃料

- 咖哩粉（或薑黃粉）1 小匙
- 食用油 1 小匙
- 現磨胡椒粉少許

墨西哥沙拉醬

- 原味優格 3 大匙
- 低卡美乃滋 1 大匙
- 帕馬森起司粉 1 小匙
- 醋 1 小匙
- Tabasco 辣醬 1/2 小匙（可省略）
- 鹽少許

前晚準備 🌙

1　雞胸肉先片薄成一半厚度，再切成 1cm 厚。將醃料的材料放入碗中混合後，放入雞胸肉拌勻，醃漬 10 分鐘以上。

2　將羽衣甘藍切成適口大小，小番茄對切。洋蔥切細絲後，泡水 5 分鐘以去除辛辣味，再放到篩子上瀝乾水分。

3　將墨西哥沙拉醬的材料放入碗中混合後，裝入沙拉醬汁的容器。

當日準備 ☀

4　熱好的平底鍋中放入雞胸肉，以中火炒 2 分 30 秒，再盛盤靜置冷卻。

5　將羽衣甘藍、小番茄、洋蔥裝入便當盒，放上雞胸肉後，再附上沙拉醬汁。
品嘗時，倒入沙拉醬汁拌勻再享用。

BOX 3
享受清爽美味的沙拉便當

炒泡菜 & 烤豆腐沙拉 176 kcal

這裡要介紹的是用含有蛋白質的豆腐、滋味豐富的炒泡菜、富含膳食纖維的芽菜所組成的另類韓式沙拉。豆腐不用油來煎烤，更加清淡，而泡菜則是一定要將調味料洗掉後，再加以烹調。

血管
健康

腸道
健康

材料

- 豆腐大盒 1/2 塊（涼拌用，150g）
- 醃熟的白菜泡菜 1/2 杯（75g）
- 芽菜 1 把（20g）
- 洋蔥 1/8 顆（25g）
- 水 1 大匙

調味料

- 辣椒粉 1/2 小匙
- 果寡糖 1/2 小匙
- 紫蘇籽油（或芝麻油）1 小匙

紫蘇籽油沙拉醬汁

- 紫蘇籽油（或芝麻油）1 小匙
- 鹽少許
- 現磨胡椒少許

前晚準備

1　將豆腐切 2 cm 立方大小，放在廚房紙巾上靜待 10 分鐘，去除多餘水分。芽菜放在篩子上以流水沖洗後，再將水分瀝乾。

2　洋蔥切成 0.5cm 的細絲，將白菜泡菜的醃醬撥掉後，切成 0.5cm 的細絲，再和調味料的材料一起拌勻。

3　熱好的平底鍋中放入豆腐，以中火煎烤 3 分鐘，每一面都要均勻煎烤到，再盛盤備用。

當日準備 ☀

4　將步驟 3 的平底鍋擦拭乾淨，加熱後放入步驟 2 以中火炒 1 分鐘，倒入水再炒 1 分鐘。

5　將芽菜和紫蘇籽油沙拉醬汁一起拌勻，裝入便當盒中，另一個容器裝入炒泡菜和豆腐。

品嘗時，將所有食材拌勻再享用。

菠菜地瓜杏仁沙拉 *327*kcal

用生的地瓜與菠菜做成的生機（Raw food）沙拉。有著豐富膳食纖維的地瓜，加上維他命豐富的菠菜，是一道讓心情也會變得輕盈的料理。暴飲暴食後的隔天，或是前一晚晚餐吃太多時，特別推薦用來作為午餐便當。

血管健康　腸道健康　恢復疲勞　預防老化

材料
- 地瓜 1/2 顆（100g）
- 菠菜 1 把（或羽衣甘藍 8 片，50g）

堅果沙拉醬汁
- 杏仁 12 顆（或芝麻，12g）
- 芝麻 1 大匙（或其他堅果類，5g）
- 純水 2 大匙
- 醋 1 大匙
- 釀造醬油 1/2 大匙
- 果寡糖 1/2 大匙
- 芝麻油 1/2 大匙
- 山葵醬 1 小匙

前晚準備 🌙

1　用刀子將地瓜切成 0.3cm 的細絲。
也可使用切絲器刨成細絲，更加容易。

2　將菠菜的根部切除，用流水洗淨，放在篩子上瀝乾水分，切成細絲。

3　將堅果沙拉醬汁的杏仁、花生放入攪拌機，磨碎後再放入其他材料混合。

當日準備 ☀

4　將地瓜、菠菜、堅果沙拉醬汁放入大碗中，拌勻後裝入便當盒。

BOX 3
享受清爽美味的沙拉便當

青葡萄沙拉 297 kcal

要不要試著用水果做成飽足的便當呢？有著酸甜味道與清新淡綠色的高級青葡萄，是可以連皮一起吃的水果，又不容易出水，很適合做成沙拉便當。搭配酸酸甜甜的優格沙拉醬，就是清爽的一餐了。

血管健康　腸道健康　骨骼健康　恢復疲勞

材料

- 柳橙 1/2 顆（或葡萄柚 1/3 顆，150g）
- 青葡萄 20 顆（或紅葡萄、草莓 5 顆、奇異果 1 顆，100g）
- 小番茄 4 顆（或番茄 1/3 顆，60g）
- 甜椒 1/4 顆（50g）
- 起司條 2 條（或起司片 2 片）
- 蘿蔓生菜 4 片（或沙拉用生菜，20g）

優格沙拉醬

- 原味優格 4 大匙
- 檸檬汁 2 小匙
- 果寡糖 1 小匙
- 鹽少許
- 巴西里末少許（或乾香草粉，可省略）

前晚準備 🌙

1 切掉柳橙上下兩端，用刀子將果皮削除，對切後再切成 1cm 厚。青葡萄對切。
柳橙的處理方法請參考第 15 頁。

2 小番茄對切，甜椒切成 1.5×1.5cm 大小，起司條切成 1.5cm 的小段。

3 蘿蔓生菜用流水沖洗後瀝乾水分，再切成適口大小。

4 將優格沙拉醬的材料放入大碗中混合。

當日準備 ☀

5 將所有食材放入步驟 4 的碗中，拌勻後裝入便當盒中。

BOX 3
享受清爽美味的沙拉便當

葡萄柚酪梨蟹肉棒沙拉 389 kcal

這是需要分量足夠的沙拉當成一餐時，特別推薦的菜色。由有助於瘦身的葡萄柚與酪梨，以及富含蛋白質的蟹肉棒所組成。酪梨先淋上檸檬汁，即使過了一段時間也不會氧化變色。

血管健康　腸道健康　預防貧血　恢復疲勞　預防老化

材料

- 葡萄柚 1/2 顆（或柳橙 1/2 顆，225g）
- 酪梨 1/2 顆（100g）
- 洋蔥 1/4 顆（50g）
- 蟹肉棒 2 個（短的，40g）
- 堅果碎粒 1 小匙（可省略）

醃汁

- 檸檬汁 1 小匙
- 鹽少許
- 現磨胡椒粉少許

芥末沙拉醬汁

- 檸檬汁 2 大匙
- 顆粒芥末醬 1/2 大匙
- 果寡糖 1/2 小匙
- 橄欖油 1/2 大匙
- 現磨胡椒粉少許

前晚準備 🌙

當日準備 ☀

1 蟹肉棒依照紋路撕開，洋蔥切成細絲後，泡入冷水 10 分鐘以去除辛辣味，再放到篩子上瀝乾水分。

2 將葡萄柚上下兩端切掉，用刀子將果皮削除，在內果皮的旁邊劃刀紋，將果肉取下。
葡萄柚的處理方法請參考第 15 頁。

3 將酪梨的果皮和籽去除後，切成適口大小，和醃汁一起拌勻。
酪梨的處理方法請參考第 15 頁。

4 將芥末沙拉醬汁的材料、蟹肉棒、洋蔥放入大碗中混和。

5 將所有食材放入碗中拌勻後，裝入便當盒中。

BOX 3
享受清爽美味的沙拉便當

烤香菇&年糕沙拉 258 kcal

這裡要介紹的是加入彈牙的年糕所做成的特色沙拉。烤過的年糕、杏鮑菇、切成絲的芝麻葉，再搭配醬汁所做成的沙拉。為了不讓年糕變硬所使用的芝麻油，還能讓風味更加分。

★糙米年糕
使用糙米加工製成
的年糕，更為健康。

血管
健康

腸道
健康

預防
老化

材料

- 糙米年糕 50g（或年糕湯用白米年糕 1/2杯）
- 杏鮑菇 1 朵（或香菇 3朵，80g）
- 菠菜 1/2 把（或羽衣甘藍，25g）
- 芝麻葉 5 片（10g）
- 食用油 1/2 小匙
- 芝麻油 1/2 小匙

醬汁

- 洋蔥末 1 大匙
- 芝麻 1/2 小匙
- 醋 2 小匙
- 釀造醬油 1 小匙
- 芝麻油 1 小匙
- 食用油 1 小匙

前晚準備
🌙

當日準備
☀

1 切除菠菜的根部後，用流水洗淨，放到篩子上瀝乾水分，切成 1cm寬。芝麻葉先捲起來再切成細絲。

2 糙米年糕依照形狀切成 0.5cm 的小段，杏鮑菇切除底部後對切，再直切成 2 等分，最後切成 0.5cm 的薄片。
冷凍年糕要先泡冷水 10分鐘，解凍後再使用。

3 將醬汁的材料放入碗中混合後，裝入沙拉醬汁的容器。

4 熱好的平底鍋中倒入食用油，放入年糕，將兩面各煎烤 1 分鐘至金黃色，再加入芝麻油拌勻。
用芝麻油拌過，年糕就不會黏在一起，風味也會更好。

5 將杏鮑菇放入步驟 4 的平底鍋中，以大火炒 1分鐘。將除了沙拉醬汁以外的所有食材裝入便當盒，再附上沙拉醬汁。
品嘗時，倒入沙拉醬汁拌勻再享用。

BOX 3
享受清爽美味的沙拉便當

南瓜沙拉佐奇亞籽沙拉醬 300 kcal

含有豐富 Omega-3 脂肪酸與纖維質的超級穀物奇亞籽，遇到水分後體積會膨脹，將南瓜和蔬菜先用奇亞籽沙拉醬拌好，品嘗便當時，奇亞籽口感變得滑順，會更好吃。

血管健康　腸道健康　恢復疲勞　預防老化

材料

- 南瓜 1/4 顆（或地瓜，200g）
- 美生菜 2 片（或沙拉用生菜，30g）
- 小紅莓乾 2 大匙（或果乾，20g）

奇亞籽沙拉醬

- 奇亞籽 1 大匙
- 檸檬汁 1/2 大匙
- 低脂牛奶 3 大匙
- 原味優格 5 大匙
- 鹽 1/4 小匙
- 果寡糖 1 小匙

前晚準備 🌙

1 將南瓜籽去除後，連皮切成 2.5 cm 立方大小。

2 將南瓜放入耐熱容器中，蓋上蓋子，放入微波爐（700W）加熱 5 分鐘煮熟，再靜置冷卻。也可將南瓜放入加熱至冒出蒸氣的蒸鍋中，蒸 7 分鐘後再冷卻。

3 將奇亞籽沙拉醬的材料放入大碗中混合。

4 將美生菜用流水洗淨，瀝乾水分後再切成適口大小。

當日準備 ☀

5 將所有食材放入步驟 3 的碗中，拌勻後裝入便當盒中。

BOX 3
享受清爽美味的沙拉便當

烤雞胸肉 & 番茄奇異果沙拉 233 kcal

將雞胸先醃漬再像牛排一樣烤過,搭配能減少雞胸肉乾澀口感的番茄奇異果沙拉,就是一款高蛋白質的便當。番茄奇異果沙拉能增加甜味,調味料不另外添加糖類也無妨。

高蛋白　血管健康　恢復疲勞　預防老化

材料

- 雞胸肉 1 塊（或雞里肌肉 4 塊，100g）
- 高麗菜 2 片（或美生菜 4 片，手掌大小，60g）
- 小番茄 5 顆（75g）
- 奇異果 1/2 顆（或草莓 2 顆，45g）

  所有蔬菜、水果都可以用同等分量取代

- 橄欖油 1 小匙

醃料

- 清酒 1 小匙
- 鹽少許
- 現磨胡椒粉少許

沙拉醬汁

- 現削帕達諾起司（Grana Padano）1 大匙（或帕馬森起司粉，7g）
- 鹽 1/4 小匙
- 橄欖油 1 小匙
- 現磨胡椒粉少許

前晚準備 🌙

1　將高麗菜、小番茄、奇異果各切成 0.5cm 立方大小。

2　雞胸肉先片薄成一半厚度，再和醃料一起拌勻。將沙拉醬汁的材料放入碗中混合。

3　熱好的平底鍋中倒入橄欖油，放入雞胸肉，以中火烤 4 分鐘，不時要翻面使其均勻烤熟。

當日準備 ☀

4　烤好雞胸肉放置冷卻後，切成適口大小，裝入便當盒的一側。

5　將步驟 2 的碗中放入步驟 1 的食材拌勻後，盛入便當盒中。

BOX 3
享受清爽美味的沙拉便當

辣味牛肉沙拉 302 kcal

牛肉含有豐富的必需胺基酸，是能提供蛋白質的優良食材。再搭配青陽辣椒與洋蔥做成的香辣沙拉醬汁一起享用，配上墨西哥薄餅更有飽足感。

烤墨西哥薄餅（1片）
80 kcal

高蛋白 血管健康 腸道健康 恢復疲勞 預防老化

材料

- 牛腰內肉（或火鍋肉）
  1001g
- 美生菜 2 片（手掌大
  小，30g）
- 小黃瓜 1/4 根（50g）
- 小番茄 6 顆（或番茄
  2/3 顆，90g）

醃料

- 橄欖油 1 小匙
- 鹽少許
- 現磨胡椒粉少許

辣味沙拉醬汁

- 切碎的青陽辣椒
  1/2 根（可省略）
- 洋蔥末 2 大匙
- 檸檬汁 2 大匙
- 果寡糖 2 小匙
- 鹽少許

前晚準備 🌙

1　用廚房紙巾包住牛肉去除血水，再切成 1.5cm 立方大小，放入碗中和醃料一起抓拌，醃漬 10 分鐘以上。

2　美生菜用流水洗淨，瀝乾水分後，再切成適口大小。

3　小黃瓜直切一半後，再切成 1.5cm 厚，小番茄對切。

4　將辣味沙拉醬汁的材料放入碗中混合後，裝入沙拉醬汁的容器。

當日準備 ☼

5　熱好的平底鍋中放入步驟 1，以中火煎烤 3 分鐘，每一面都要均勻煎烤到，再靜置冷卻。

6　將除了沙拉醬汁以外所有的食材放入碗中，拌勻後盛入便當盒中，再附上沙拉醬汁。

品嘗時，倒入沙拉醬汁拌勻再享用。

143

BOX 3
享受清爽美味的沙拉便當

烤明蝦沙拉佐香草牧場沙拉醬 226 kcal

用優格取代美乃滋做成的香草牧場沙拉醬，加入帕馬森起司粉與乾香草粉，讓風味更加分。明蝦有豐富蛋白質還能增加飽足感，獨特的鮮味讓風味更突出。

★牧場沙拉醬
美乃滋與酪乳（Buttermilk）混合製成的白色沙拉醬汁，主要搭配蔬菜棒或炸物品嘗。

高蛋白　骨骼健康　預防老化

材料

- 冷凍生蝦肉 7 隻（大隻，105g）
- 大蒜 4 瓣（20g）
- 沙拉用生菜 30g
- 橄欖油 1 小匙
- 鹽少許
- 現磨胡椒粉少許

香草牧場沙拉醬

- 帕馬森起司粉 1 大匙
- 洋蔥末 1 大匙（10g）
- 檸檬汁 1 大匙
- 原味優格 3 大匙
- 果寡糖 2 小匙
- 巴西里粉少許（或其他乾香草粉，可省略）
- 鹽少許

前晚準備 🌙

當日準備 ☀

1 將冷凍生蝦肉泡入冷水（2 杯）10 分鐘，解凍後過篩瀝乾水分。大蒜切片。

2 沙拉用生菜以流水洗淨後，瀝乾水分，再切成適口大小。將香草牧場沙拉醬的材料放入碗中混合後，裝入沙拉醬的容器。

3 熱好的平底鍋中倒入橄欖油，放入大蒜以中火炒 30 秒，再放入生蝦肉、鹽炒 2 分鐘，關火並撒上胡椒粉拌勻。

4 將沙拉用生菜和步驟 3 裝入便當盒中，再附上沙拉醬。

品嘗時，倒入沙拉醬拌勻再享用。

BOX 3

享受清爽美味的沙拉便當

美生菜水煮蛋佐酪梨沙拉醬 264 kcal

將酪梨搗碎後加上些許調味料，就是滋味絕佳又滑順的沙拉醬，再加入雞蛋與小黃瓜拌勻，就完成了一款既健康又清爽的便當。配上烤麵包更為飽足，或是加上能補充維他命的水果一起品嘗也不錯。

草莓 5 顆（100g）35 kcal

骨骼健康　預防老化

材料
- 雞蛋 2 顆
- 小黃瓜 1/4 根（50g）
- 美生菜 2 片（或高麗菜，30g）
- 鹽少許

酪梨沙拉醬
- 酪梨 1/4 顆（50g）
- 檸檬汁 1/2 大匙
- 辣椒碎片 1/4 小匙（或切碎的青陽辣椒 1 根，可省略）
- 鹽 1/4 小匙
- 果寡糖 1/2 小匙
- 現磨胡椒粉少許

Tip 也可當成三明治的內餡。

前晚準備 🌙

1　鍋子中放入雞蛋並倒入水至蓋過雞蛋的高度，以大火煮滾後，轉小火煮 13 分鐘。冷卻後將蛋殼剝下。

2　將小黃瓜直切成對半，再依形狀切成 0.5cm 的薄片，撒上鹽醃漬 10 分鐘後，放入冷水中漂洗，再將水分擠乾。

3　美生菜以流水沖洗後，將水分瀝乾，切成適口大小。水煮蛋也切成適口大小。

當日準備 ☀

4　將酪梨的果皮和籽去除後，放入碗中，用叉子壓碎。
　　酪梨的處理方法請參考第 15 頁。

5　將其餘酪梨沙拉醬的食材放入步驟 4 的碗中，並攪拌均勻。

6　將雞蛋、小黃瓜、美生菜放入碗中，拌勻後裝入便當盒中。

BOX 3
享受清爽美味的沙拉便當

番茄小扁豆沙拉 495 kcal

小扁豆含有豐富的維他命 B、葉酸與膳食纖維，能有效幫助減肥。和小番茄、芽菜一起品嘗，不僅有飽足感，口感也很不錯。將所有食材裝入漂亮的玻璃罐中，品嘗前再搖晃均勻，享用起來非常方便。

高蛋白　血管健康　腸道健康　預防貧血　恢復疲勞

材料

- 小扁豆 1/2 杯（80g）
- 小番茄 10 顆（或番茄 1 顆，150g）
- 芽菜 1/2 把（或沙拉 用生菜，10g）
- 鹽少許

巴薩米克醋洋蔥沙拉醬汁

- 洋蔥末 1 大匙（10g）
- 巴薩米克醋 2 大匙
- 果寡糖 1/2 大匙
- 橄欖油 1 又 1/2 大匙
- 鹽 1/4 小匙
- 檸檬汁 1 小匙
- 巴西里末（或乾香草 粉，可省略）

前晚準備 🌙

1　將小扁豆以流水沖洗，再放到篩子上將水分瀝乾。鍋中放入小扁豆與水（3 杯），以中火煮滾後，轉小火煮 15 分鐘，過篩瀝乾水分，撒入鹽拌勻靜置冷卻。

2　芽菜放在篩子上，以流水沖洗後瀝乾水分。小番茄對切一半。

3　將巴薩米克醋洋蔥沙拉醬汁的材料放入碗中混合後，裝入沙拉醬汁的容器。

4　將除了沙拉醬汁以外所有的食材，裝入便當盒中，再附上巴薩米克醋洋蔥沙拉醬汁。

品嘗時，倒入沙拉醬汁拌勻再享用。

BOX 3

享受清爽美味的沙拉便當

煙燻鮭魚佐小黃瓜沙拉醬 339 kcal

將小黃瓜切碎後,和原味優格混合,做成一款適合搭配煙燻鮭魚的爽口醬料。加入清脆口感的美生菜,以及馨香的香草,讓味道更加豐富有層次。

高蛋白　預防老化

150

材料

- 煙燻鮭魚 100g（或鮭魚罐頭、水煮鮪魚罐頭 1 罐，小罐）
- 美生菜 4 片（或沙拉用生菜 30g，60g）

滿滿黃瓜沙拉醬

- 小黃瓜 1/4 根（50g）
- 蒔蘿末 1 根（或乾香草粉 1/2 小匙，可省略）
- 原味優格 1 瓶（85g）
- 鹽 1/4 小匙
- 檸檬汁 1 小匙
- 果寡糖 1 小匙
- 橄欖油 2 小匙

前晚準備 🌙

當日準備 ☀

1　美生菜用流水洗淨，瀝乾水分，切成適口大小。做成沙拉醬的黃瓜切成 0.5cm 的立方大小。

2　將滿滿黃瓜沙拉醬的材料放入碗中混合後，裝入沙拉醬的容器。

3　煙燻鮭魚切成適口大小。

4　將美生菜與煙燻鮭魚裝入便當盒中，再附上沙拉醬。

倒入沙拉醬汁拌勻再享用，也可以搭配烤墨西哥薄餅一起品嘗。

---- BOX 3 ----
享受清爽美味的沙拉便當

柳橙花椰菜炒明蝦沙拉 289 kcal

這裡要介紹的是一款賞心悅目的沙拉，有著橘色、綠色等漂亮配色，能刺激食慾。一打開便當的蓋子，就能聞到撲鼻而來的柳橙香氣，讓品嘗的時候也有好心情。

高蛋白　腸道健康　骨骼健康　恢復疲勞　預防老化

材料

- 冷凍生蝦肉 5 隻（大隻，75g）
- 柳橙 1/2 顆（或葡萄柚 1/2 顆，150g）
- 花椰菜 1/2 棵（150g）
- 洋蔥末 2 大匙（20g）
- 橄欖油 1 小匙
- 鹽少許
- 水 2 大匙
- 現磨胡椒粉少許

橙皮巴薩米克醋沙拉醬汁

- 切碎的柳橙皮 1 小匙（可省略）
- 鹽 1/2 小匙
- 檸檬汁 2 小匙
- 巴薩米克醋 1 小匙
- 果寡糖 1/2 小匙
- 橄欖油 2 小匙

前晚準備 🌙

當日準備 ☀️

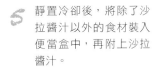

1 將冷凍生蝦肉泡入冷水（2 杯）10 分鐘，解凍後，過篩瀝乾水分，用刀子剖半。

2 用粗鹽搓洗柳橙皮後，以削皮刀將橘色的外皮削下，再切碎。切掉柳橙上下兩端，用刀子將果皮削除，並將果肉切成 10 等分。
柳橙的處理方法請參考第 15 頁。

3 花椰菜切成 2cm 立方大小。將橙皮巴薩米克醋沙拉醬汁的材料放入碗中混合後，裝入沙拉醬汁的容器。

4 熱好的平底鍋中倒入橄欖油，放入洋蔥末，以中火炒 30 秒，放入花椰菜炒 1 分鐘，再放入生蝦肉和鹽炒 1 分鐘，最後倒入水炒 1 分鐘後，關火並撒上現磨胡椒粉拌勻。

5 靜置冷卻後，將除了沙拉醬汁以外的食材裝入便當盒中，再附上沙拉醬汁。
品嘗時，倒入沙拉醬汁拌勻再享用。

153

----- BOX 3 -----

享受清爽美味的沙拉便當

辣味馬鈴薯小黃瓜雞蛋沙拉 364 kcal

忙碌的生活中,連吃飯的時間都不夠時,推薦可以方便享用又有飽足感的輕食便當。做法簡單,
將馬鈴薯、雞蛋、清脆的小黃瓜,用美乃滋沙拉醬拌勻就完成!美乃滋沙拉醬中加入低脂牛奶,
降低熱量。

高蛋白　骨骼健康　恢復疲勞　預防老化

材料

- 馬鈴薯 1 顆（或地瓜、南瓜 200g）
- 雞蛋 2 顆
- 小黃瓜 1/2 根（100g）

清爽美乃滋沙拉醬

- 低卡美乃滋 1 又 1/2 大匙
- 低脂牛奶 1 大匙
- 辣椒碎片 1/2 小匙（可省略）
- 鹽 1/4 小匙
- 醋 1/2 小匙
- 果寡糖 1/2 小匙

前晚準備 🌙

1　鍋子中放入雞蛋並倒入水至蓋過雞蛋的高度，以大火煮滾後，轉小火煮 13 分鐘。冷卻後將蛋殼剝下。

2　小黃瓜切成 1 cm 立方大小，水煮蛋平均切成 8 等分。

3　馬鈴薯削皮後，切成 2cm 立方大小，放入耐熱容器中，蓋上蓋子，放入微波爐（700W）加熱 4 分鐘煮熟，再靜置冷卻。

也可在鍋子中放入馬鈴薯、水（3 杯）、鹽（少許），以大火煮滾後，再煮 6 分鐘至熟，放在篩子上靜置冷卻。

4　將清爽美乃滋沙拉醬的材料放入大碗中混合。

當日準備

5　將所有食材放入步驟 4 的碗中，拌勻後裝入便當盒中。

------- BOX 3 -------
享受清爽美味的沙拉便當

櫛瓜茄子藜麥沙拉 317 kcal

與其他穀物相比，藜麥含有更多的鈣、鉀、鐵，蛋白質中必需胺基酸的含量也很高。煮過的藜麥，加上用大火短時間快炒讓水分蒸發的各種蔬菜，搭配巴薩米克醋沙拉醬汁，就是一款營養與風味兼具的沙拉。

血管
健康
　
腸道
健康
　
預防
貧血
　
恢復
疲勞

材料

- 櫛瓜 1/5 顆（100g）
- 茄子 1/2 根（75g）
- 紫洋蔥 1/4 顆（或洋蔥，50g）

  所有蔬菜都可以用同等分量取代

- 藜麥 1/4 杯（30g）

醃料

- 橄欖油 1/2 大匙
- 鹽少許
- 現磨胡椒粉少許

巴薩米克醋沙拉醬汁

- 蒜泥 1/2 大匙
- 巴薩米克醋 1 大匙
- 果寡糖 1/2 大匙
- 橄欖油 2 小匙
- 鹽少許

前晚準備 🌙

1. 將藜麥放在篩子上，用流水沖洗後瀝乾水分。鍋中放入藜麥與水（2杯），以中火煮滾後，轉小火煮 10 分鐘，再過篩並靜置冷卻。

2. 紫洋蔥切成 1cm 寬，櫛瓜、茄子依 5cm 長切段，再直切一半後，切成 0.5cm 寬。將醃料的材料放入大碗中混合。

3. 將巴薩米克醋沙拉醬汁的材料放入碗中混合後，裝入容器。

當日準備 ☀

4. 熱好的平底鍋中放入步驟 2，以大火炒 2 分鐘後，盛盤放涼備用。

5. 將除了沙拉醬汁以外的所有食材放入碗中，拌勻後裝入便當盒中，再附上沙拉醬汁。

   品嘗時，倒入沙拉醬汁拌勻再享用。

星期五來點不一樣的

T.G.I.F.

THANK GOD IT'S FRIDAY

輕食便當

讓人興奮的日子當然也要享用不一樣的特色便當！這裡要介紹的是三明治、墨西哥捲餅、飯捲、飯糰等，適合在像星期五這樣特別的日子享用的便當。使用更清爽無負擔的食材與調味料，熱量也跟著降低，裝入野餐用便當盒讓人心情更加愉悅！

───────────── **PLUS TIP** ─────────────

- 三明治或墨西哥捲餅要仔細塗上抹醬，並注意不要讓夾餡的水分滲入。
- 製作飯捲或飯糰時，要紮實地捲好，讓形狀不易散開。
- 用烘焙紙簡便地包裝，或是利用免洗便當盒，就能更輕鬆地享用。
  （三明治包裝法可參考第 162 頁，墨西哥捲餅包裝參見第 172 頁）

BOX 4

星期五來點不一樣的 T.G.I.F. 輕食便當

鮪魚酪梨三明治 *458* kcal

有「森林中的奶油」之稱的酪梨能提升風味，壓碎成泥後，再拌入鮪魚與各種蔬菜做成三明治。
為了不讓麵包滲入水分，可使用美生菜隔開。

高蛋白　血管健康　腸道健康　骨骼健康　預防老化

材料

- 雜糧吐司（或雜糧麵包）2 片
- 水煮鮪魚罐頭 1/2 罐（小罐，或鮭魚罐頭，100g）
- 酪梨 1/4 顆（50g）
- 番茄 1/2 顆（75g）
- 洋蔥 1/8 顆（25g）
- 美生菜 2 片（手掌大小，30g）
- 低卡美乃滋 2 小匙

調味料

- 鹽 1/4 小匙
- 檸檬汁 1 小匙
- 顆粒芥末醬 1 小匙
- 果寡糖 1/2 小匙
- 現磨胡椒粉少許

前晚準備 🌙

1 將鮪魚放在篩子上，用湯匙將多餘的油脂壓出。美生菜用流水沖洗後，將水分瀝乾。番茄去籽後，切成 0.5 cm 立方大小，洋蔥切成 0.5×0.5cm 大小。

2 酪梨的果皮和籽去除，放入碗中用叉子壓碎。酪梨的處理方法請參考第 15 頁。

3 將鮪魚、番茄、洋蔥、調味料的材料放入步驟 2 的碗中拌勻。

當日準備 ☀

4 熱好的平底鍋中放入雜糧吐司，以中弱火將兩面分別煎烤 1 分 30 秒，再將吐司立起互相斜靠著使其冷卻後，分別在 2 片雜糧吐司上各塗抹 1 小匙的低卡美乃滋。

5 塗有低卡美乃滋的那一面，放上一半分量的美生菜，再塗上步驟 3 後，放上剩餘的美生菜，再蓋上另一片吐司。

BOX 4

星期五來點不一樣的 T.G.I.F. 輕食便當

芹菜雞蛋三明治 452 kcal

這裡介紹的是放入滿滿的雞蛋做成分量十足的三明治。香氣強烈的芹菜可以去除雞蛋冷卻時產生的腥味，還能增加膳食纖維。為了讓水分豐富的芹菜，放置一段時間後也不會出水，可以先撒少許鹽醃過。

高蛋白　腸道健康　骨骼健康　預防老化

材料

- 雜糧吐司（或雜糧麵包）2 片
- 雞蛋 2 顆
- 芹菜 10cm2 段（40g）
- 鹽少許

調味料

- 顆粒芥末醬 1 小匙
- 低卡美乃滋 2 小匙
- 果寡糖 1 小匙
- 現磨胡椒粉少許

前晚準備 🌙

當日準備 ☀

三明治包裝法

1 鍋子中放入雞蛋並倒入水至蓋過雞蛋的高度，以大火煮滾後，轉小火煮 13 分鐘。冷卻後將蛋殼剝下。

2 芹菜依形狀切成 0.3cm 的薄片後，放入碗中，撒入鹽拌勻，醃漬 5 分鐘後，將水分擠乾。

3 將蛋白切成 1cm 立方大小，蛋黃放入大碗中，用湯匙壓碎。

4 將蛋白、芹菜、調味料的材料放入步驟 3 的碗中拌勻。

5 熱好的平底鍋中放入雜糧吐司，以中弱火將兩面分別烤 1 分 30 秒，再將吐司立起互相斜靠著使其冷卻。將步驟 4 放在雜糧吐司上，再蓋上另一片吐司。

| 將三明治放在烘焙紙上。 | 將下方部分往上折。 | 將兩側往內折。 | 上方部分往下折好後，用繩子或膠帶固定。 |

----- BOX 4 -----
星期五來點不一樣的 T.G.I.F. 輕食便當

生火腿片羽衣甘藍三明治 420kcal

這是一款只需開火烘烤好麵包，一早就能迅速完成的三明治。食材本身就具有鹹味，番茄與巴薩米克醋能增添風味，調味料只需一點點！再加上鮮綠蔬果昔來補充維他命更佳。

鮮綠蔬果昔
（第 21 頁）
108 kcal

★生火腿片
比起一般火腿片的熱量、鈉、脂肪含量都來得低，且蛋白質含量略高。加工過的風味較少，和各種料理都很搭配。

高蛋白　血管健康　腸道健康　預防老化

材料

- 雜糧吐司（或雜糧麵包）2 片
- 生火腿 4 片（或火腿片，28g）
- 羽衣甘藍 4 片（或菊苣、芽菜、芝麻菜 1 把，60g）
- 小番茄 4 顆（或番茄 1/2 顆，60g）
- 起司片 1 片（20g）
- 橄欖油 2 小匙

巴薩米克醋醬汁

- 巴薩米克醋（或醋）1/2 小匙
- 果寡糖 1/2 小匙
- 橄欖油 1/2 小匙
- 鹽少許

前晚準備 🌙

1 熱好的平底鍋中放入雜糧吐司，以中弱火將兩面分別烤 1 分 30 秒，再將吐司立起互相斜靠著使其冷卻。

2 羽衣甘藍切成 2cm 寬，小番茄切成 1cm 厚。

3 大碗中放入巴薩米克醋醬汁的材料，拌勻後放入羽衣甘藍，輕輕抓拌。

當日準備 ☀

4 分別在兩片雜糧吐司上各塗抹 1 小匙的橄欖油。

5 依序放上起司片、小番茄、步驟 3 的羽衣甘藍、生火腿，再蓋上另一片雜糧吐司。

---- BOX 4 ----
星期五來點不一樣的 T.G.I.F. 輕食便當

奇異果蛋吐司 416 kcal

利用果寡糖與奇異果來取代加了較多砂糖的果醬，並將烘蛋中的蛋量減少，放入滿滿蔬菜，增添清脆口感。

和低脂牛奶一起享用更飽足
80 kcal ／ 200ml

腸道健康　恢復疲勞　預防老化

材料

- 雜糧吐司（或雜糧麵包）2 片
- 雞蛋 1 顆
- 奇異果 1/2 顆（或鳳梨圈 1/2 片，45g）
- 高麗菜 2 片（或天津大白菜，手掌大小，60g）
- 胡蘿蔔 1/10 根（20g）
- 洋蔥 1/10 顆（g）
  所有蔬菜都可以用同等分量取代
- 鹽少許
- 食用油 1 小匙
- 果寡糖 1 小匙

前晚準備 🌙

1 將高麗菜、胡蘿蔔、洋蔥切成細絲，奇異果去皮後，先對切再切成 0.3cm 的薄片。

2 將雞蛋打入碗中並加鹽打散，放入高麗菜、胡蘿蔔、洋蔥拌勻。

當日準備 ☀

3 熱好的平底鍋中放入雜糧吐司，以中弱火將兩面分別烤 1 分 30 秒，再將吐司立起互相斜靠著使其冷卻。

4 將平底鍋用廚房紙巾擦乾淨，再加熱後倒入食用油，放入步驟 2，鋪開成吐司大小，以中弱火將兩面分別煎 1 分 30 秒至熟。

5 分別在兩片吐司上各塗抹 1 小匙的果寡糖，放上奇異果與步驟 4，再蓋上另一片吐司。

BOX 4
星期五來點不一樣的 T.G.I.F. 輕食便當

洋蔥炒牛肉三明治 458 kcal

這是炒洋蔥、牛肉、略帶苦味的菊苣做成的三明治。洋蔥炒久一點，就會釋出特有的風味與甜味。
利用顆粒芥末醬來取代熱量高的市售抹醬。

醃漬小番茄（第 18 頁）
22 kcal

高蛋白　血管健康　腸道健康　預防老化

材料

- 雜糧吐司（或雜糧麵包）2 片
- 洋蔥 1/2 顆（100g）
- 火鍋用牛肉（或烤肉用）70g
- 菊苣（或其他包飯用蔬菜）20g
- 橄欖油 1 小匙
- 顆粒芥末醬（或芥末醬）2 小匙

調味料

- 水 1 大匙
- 釀造醬油 1/2 小匙
- 果寡糖 1 小匙
- 胡椒粉少許

醃料

- 蒜泥 1/2 小匙
- 清酒 1 小匙
- 果寡糖 1/2 小匙
- 鹽少許
- 胡椒粉少許

前晚準備 🌙

1 菊苣用流水沖洗並瀝乾水分後，切成適口大小，洋蔥切成 0.5cm 寬。將調味料的材料放入碗中混合。

2 用廚房紙巾包住牛肉，以去除血水，分成三等分。將醃料的材料放入碗中混合，放入牛肉拌勻，醃漬 10 分鐘以上。

當日準備 ☀️

3 熱好的平底鍋中放入雜糧吐司，以中弱火將兩面分別烤 1 分 30 秒，再將吐司立起互相斜靠著使其冷卻。

4 將平底鍋擦乾淨，再加熱後，倒入橄欖油，放入洋蔥，以中弱火炒 5 分鐘，再加入調味料拌炒後，盛盤備用。

5 將平底鍋擦乾淨，再加熱後，放入步驟 2 的牛肉，以中火炒 2 分 30 秒。

6 分別在兩片雜糧吐司上各塗抹 1 小匙的顆粒芥末醬，放上炒洋蔥、牛肉，再蓋上另一片雜糧吐司。

BOX 4
星期五來點不一樣的 T.G.I.F. 輕食便當

BBQ雞胸肉三明治 435 kcal

利用家中現有的調味料做的 BBQ 醬料，試著做成 BBQ 雞胸肉三明治吧！吃起來絕對比市售的
BBQ 醬料健康且風味更好喔！

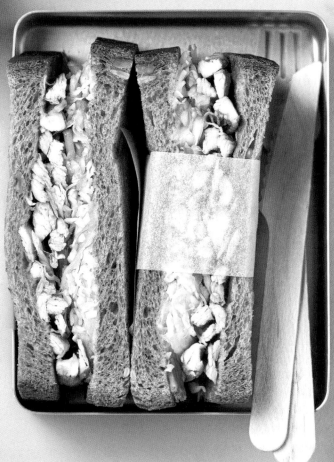

高蛋白　血管健康　腸道健康　預防老化

材料

- 雜糧吐司（或雜糧麵包）2 片
- 雞胸肉 1 塊（或雞里肌肉 4 塊，100g）
- 高麗菜 1 片（手掌大小，30g）
- 洋蔥 1/10 顆（20g）
- 芹菜 5cm（或洋蔥 1/20 顆，10g）
- 低卡美乃滋 2 小匙

BBQ 醬料

- 釀造醬油 1/2 大匙
- 檸檬汁 1 小匙
- 減鈉番茄醬 2 小匙
- 果寡糖 2 小匙
- 辣椒粉少許（可省略）
- 胡椒粉少許

醃汁

- 檸檬汁 1/2 大匙
- 果寡糖 1/2 大匙
- 鹽少許

前晚準備 🌙

1　先煮好要用來煮雞胸肉的水（3 杯）。將 BBQ 醬料的材料放入碗中混合。將雞胸肉放入滾水中，煮 12 分鐘後，放到篩子上瀝乾水分，冷卻後依紋路撕成粗條狀。

2　高麗菜、洋蔥、芹菜切成 0.3cm 的細絲。

3　將高麗菜、洋蔥、芹菜與醃汁材料放入大碗中，拌勻後醃漬 10 分鐘以上，再將水分擠乾。

當日準備 ☀

4　熱好的平底鍋中放入雜糧吐司，以中弱火將兩面分別烤 1 分 30 秒，再將吐司立起互相斜靠著使其冷卻。將平底鍋擦乾淨，再加熱後，放入雞胸肉與 BBQ 醬料，以小火炒 2 分鐘。

5　分別在兩片雜糧吐司上各塗抹 1 小匙的低卡美乃滋，依序放上步驟 3 的醃漬蔬菜、步驟 4 的雞胸肉，最後蓋上另一片雜糧吐司。

---- BOX 4 ----
星期五來點不一樣的 T.G.I.F. 輕食便當

小扁豆墨西哥捲餅 410 kcal

這裡介紹的是加入滿滿的超級穀物小扁豆，能享用到不同特色的墨西哥捲餅。小扁豆含有豐富蛋白質，並能維持飽足感，再搭配清爽的沙拉就是美味的一餐。

生菜沙拉佐檸檬橄欖油醬汁
（第 20 頁）57 kcal

★墨西哥捲餅（Burrito）
用墨西哥薄餅將豆子和肉包起來吃的墨西哥料理。

高蛋白　血管健康　腸道健康　恢復疲勞　預防老化

材料

- 全麥墨西哥薄餅（或小麥墨西哥薄餅）2 片
- 小扁豆 1/5 杯（30g）
- 甜椒 1/2 顆（或紅椒 1/4 顆，50g）
- 洋蔥 1/5 顆（40g）
- 蘑菇 2 朵（或杏鮑菇 1/2 朵，40g）
- 披薩專用起司絲 2 大匙（或起司片 1 片，20g）
- 食用油 1 小匙

調味料

- 減鈉番茄醬 1 又 1/2 大匙
- 蒜泥 1/2 小匙
- 釀造醬油 1 小匙
- 檸檬汁 1/2 小匙
- 果寡糖 1 小匙
- 現磨胡椒粉少許

前晚準備

1 將小扁豆放在篩子上，用流水洗淨後並瀝乾水分。將小扁豆與水（3 杯）放入鍋中，以大火煮滾後，轉小火煮 20 分鐘，再過篩瀝乾水分。

2 蘑菇切除底部後對切，再切成 0.5cm 厚，甜椒、洋蔥切成 0.5×0.5cm 大小。將調味料的材料放入碗中混合。

3 熱好的平底鍋中放入墨西哥薄餅，以中弱火分別將兩面各烤 30 秒，盛盤備用。

4 將食用油倒入平底鍋中，放入洋蔥，以中火炒 30 秒，再放入甜椒、蘑菇炒 1 分鐘，最後放入小扁豆與調味料，炒 2 分鐘後關火，加入披薩專用起司絲拌勻。

當日準備

5 將一半分量的步驟 4 放在墨西哥薄餅上，將墨西哥薄餅下方部分往上折，接著將兩側往內折，再捲起來；用相同的方式製作另外一個。

墨西哥捲餅包裝法

 → →

將墨西哥捲餅放在烘焙紙上。　用烘焙紙將墨西哥捲餅捲起來。　將兩側像糖果一般扭轉固定。

---- BOX 4 ----
星期五來點不一樣的 T.G.I.F. 輕食便當

紅椒牛排墨西哥烤餅 434 kcal

試做看看放入大量紅椒與牛肉，再用起司來增添風味的墨西哥烤餅吧。將墨西哥薄餅烤得酥脆，
放置一段時間也不會變濕軟。含有豐富維他命 A 的紅椒，用橄欖油炒過，更能增加營養素的吸收。

高蛋白　血管健康　腸道健康　預防貧血　恢復疲勞

材料

- 全麥墨西哥薄餅（或小麥墨西哥薄餅）2 片
- 紅椒 1 顆（或甜椒 1/2 顆，200g）
- 火鍋用牛肉（或烤肉用）100g
- 大蒜 2 瓣（10g）
- 青陽辣椒 1 根（可依個人喜好加減）
- 披薩專用起司絲 2 大匙（20g）
- 橄欖油 1 小匙
- 清酒 1 小匙
- 鹽少許

調味料

- 巴薩米克醋 2 小匙
- 釀造醬油 1/2 小匙
- 減鈉番茄醬 1 小匙
- 果寡糖 1 小匙
- 現磨胡椒粉少許

前晚準備 🌙

1 將紅椒對切後，切成 0.5cm 寬，大蒜切片，青陽辣椒切細。將調味料放入碗中混合。

2 廚房紙巾包住牛肉去除血水，切成 1cm 寬。

當日準備 ☼

3 熱好的平底鍋中倒入橄欖油，放入大蒜，以小火炒 1 分鐘，放入牛肉、清酒、鹽，轉成大火炒 2 分鐘，再放入紅椒、青陽辣椒、調味料炒 1 分鐘，最後撒上起司絲拌勻，盛盤備用。

4 將平底鍋擦拭乾淨，不用加熱直接放入墨西哥薄餅，將一半分量的步驟 3 放在墨西哥薄餅上，再折成一半。

5 以小火烤 3 分鐘後，翻面再烤 1 分 30 秒，待平底鍋冷卻後，再以同樣方式製作另外一個。

坦都里風味雞肉捲 300 kcal

在全麥墨西哥薄餅上，放上滿滿用坦都里醬料炒過的雞胸肉與蔬菜，再捲起來就完成了獨特的雞肉捲。咖哩的香氣增添異國風味，再搭配清爽的檸檬氣泡水一起享用，更加完美。

生菜沙拉佐檸檬橄欖油醬汁
（第 20 頁）
57 kcal

高蛋白　血管健康　恢復疲勞

材料

- 全麥墨西哥薄餅（或小麥墨西哥薄餅）2 片
- 雞胸肉 1/2 塊（或雞里肌肉 2 塊，50g）
- 紅椒 1/4 顆（50 顆）
- 美生菜 2 片（手掌大小，或高麗菜 1 片，30g）
- 橄欖油 1 小匙
- 原味優格 1 大匙

坦都里醬料

- 原味優格 1/2 大匙
- 咖哩粉（或薑黃粉）1 小匙
- 辣椒粉 1/2 小匙
- 蒜泥 1/2 小匙
- 果寡糖 1/2 小匙
- 胡椒粉少許

醃汁

- 醋 1 小匙
- 果寡糖 1/2 小匙
- 鹽少許

前晚準備 🌙

當日準備 ☀️

1 雞胸肉先片薄成一半厚度，再切成 0.5cm 寬。將坦都里醬料的材料放入碗中，一起拌勻後醃漬 15 分鐘以上。

2 紅椒切成 0.5cm 寬，放入碗中，和醃汁的材料一起拌勻，醃漬 10 分鐘以上後，將水分擠乾。

3 美生菜用流水洗淨，瀝乾水分後，切成 0.5cm 的細絲。

4 熱好的平底鍋中放入全麥墨西哥薄餅，以中弱火分別將兩面各烤 15 秒，盛盤備用。將平底鍋擦乾淨，再加熱後，倒入橄欖油，放入步驟 1 的雞胸肉，以中火炒 1 分 30 秒。

5 在全麥墨西哥薄餅上塗抹 1/2 大匙的原味優格，放上一半的美生菜、一半步驟 2 的紅椒與一半步驟 4 的雞胸肉。將墨西哥薄餅下方部分往上折，接著將兩側往內折，再捲起來；用相同的方式製作另外一個。

BOX 4

星期五來點不一樣的 T.G.I.F. 輕食便當

芝麻葉包豆芽烤肉便當 409kcal

想要吃得豐盛一點時，推薦將炒得香辣的烤豬肉，用芝麻葉包起來享用的便當。搭配黃豆芽更增添飽足感與清脆口感。

高蛋白　血管健康　預防貧血　預防老化

材料

- 熱的糙米飯 1/2 碗（或雜穀飯，60g）
- 烤肉用豬肉 100g
- 黃豆芽 1 把（或綠豆芽，50g）
- 洋蔥 1/4 顆（50g）
- 芝麻葉 5 片（或其他包飯用蔬菜，10g）
- 水 1 大匙
- 食用油 1 小匙

豬肉調味料

- 水 1 大匙
- 辣椒醬 1 大匙
- 辣椒粉 1/2 小匙
- 蒜泥 1/2 小匙
- 清酒 1 小匙
- 釀造醬油 1/2 小匙
- 胡椒粉少許

黃豆芽調味料

- 鹽 1/4 小匙
- 芝麻油 1 小匙
- 芝麻少許

前晚準備 🌙

當日準備

1 洋蔥切成 1cm 寬，芝麻葉將葉莖摘掉後，用流水洗淨並瀝乾水分。

2 用廚房紙巾將豬肉包起以去除血水，再切成適口大小，放入碗中，和豬肉調味料拌勻後，醃漬 10 分鐘以上。
由於豬肉調味料中加了蒜泥、胡椒粉、清酒，冷了也不會有腥味。

3 將黃豆芽和水放入耐熱容器中，蓋上蓋子，放入微波爐（700W）加熱 2 分鐘煮熟後，過篩瀝乾水分，再靜置冷卻。
也可以將黃豆芽和水（1/4 杯）放入鍋子中，蓋上蓋子，以中火汆燙 4 分鐘。

4 將黃豆芽和黃豆芽調味料放入碗中拌勻。

5 熱好的平底鍋中倒入食用油，放入洋蔥，以中火炒 30 秒，再放入步驟 2 的豬肉炒 3 分鐘。將所有食材盛入便當盒中即可。

BOX 4
星期五來點不一樣的 T.G.I.F. 輕食便當

炒香菇佐豆腐排 *255* kcal

將豆腐切成大塊，煎至外皮酥脆、裡面軟嫩，香菇則是用巴薩米克醋調味再燉煮，豆腐香菇搭配出絕妙滋味，再加上芽菜和米飯使營養更均衡。

高蛋白　血管健康　腸道健康

材料

- 熱的糙米飯 1/2 碗（或雜穀飯，60g）
- 豆腐大盒 1/2 塊（涼拌用，150g）
- 秀珍菇 1 把（或其他菇類，50g）
- 芽菜 1/2 把（10g）

調味料

- 水 3 大匙
- 巴薩米克醋 1 小匙
- 蒜泥 1 小匙
- 釀造醬油 1 又 1/2 小匙
- 果寡糖 1/2 小匙
- 胡椒粉少許

前晚準備 🌙

1 將豆腐切成 2cm 厚，放在廚房紙巾上，去除多餘水分。

2 秀珍菇依紋路撕開，調味料的材料放入碗中混合，芽菜用流水洗淨，放在篩子上瀝乾水分。

當日準備 ☀

3 熱好的平底鍋中放入豆腐，以中火煎 1 分 30 秒，再翻面煎 1 分鐘，盛盤備用。

4 將平底鍋擦乾淨，再加熱後，放入秀珍菇，以中火炒 1 分 30 秒，再加入調味料，邊攪拌邊燉煮 1 分鐘。

5 將飯裝入便當盒的一側，再放入煎豆腐、醬煮香菇和芽菜。

BOX 4

星期五來點不一樣的 T.G.I.F. 輕食便當

超級穀物明太子飯糰 237 kcal

加入低鹽的醃漬明太子，就是不用另外加調味料，鹹淡也很剛好的飯糰。將做好的飯糰再烤一次，讓表面更加酥脆、吃起來更有口感，而且放置一段時間，也能維持原本的形狀。也可以用家裡現有的醬菜來取代明太子。

大蔥蛋花湯（第 17 頁）
104 kcal

生菜沙拉佐巴薩米克醋醬汁
（第 20 頁）56 kcal

血管
健康

材料
- 熱的藜麥糙米飯 1 碗
  （或糙米飯，120g）
- 低鹽醃漬明太子 1/3
  條（2 大匙，20g）
- 細蔥 1 根（ 或蔥花 1
  大匙，8g）
- 果寡糖 1/2 小匙
- 芝麻油 1/2 小匙

前晚準備 🌙

1 將細蔥切碎，醃漬明太子直切一半後，用刀背將明太子卵挖出。

2 將所有的材料放入碗中混合。

當日準備 ☀

3 分成兩等分後，捏成三角飯糰的形狀。

4 用小火熱好鍋的平底鍋中，放入步驟 3，每面各煎烤 1 分鐘。

------ BOX 4 ------
星期五來點不一樣的 T.G.I.F. 輕食便當

辣味豆腐鬆飯糰 *292* kcal

炒得香鬆的豆腐與勁辣的青陽辣椒，加上米飯揉製而成的飯糰，好吃又可愛。將豆腐搗碎後，炒至軟硬適中，放了一段時間也不會出水，很適合用來做成便當。

生菜沙拉佐巴薩米克醋醬汁
（第 20 頁）再搭配烤鮮蝦
（5 隻），就能更豐富地享
用。159 kcal

血管
健康　腸道
健康

材料

- 熱的糙米飯 1 碗（或雜穀飯，120g）
- 豆腐大盒 1/3 塊（涼拌用，100g）
- 青陽辣椒 2 根（可依個人喜好加減）
- 醃蘿蔔片 6 片（或黃色的醃蘿蔔，30g）
- 調味海苔碎屑（A4 大小 1 張份）
- 釀造醬油 1/2 小匙
- 鹽少許

前晚準備 🌙

1　將豆腐用刀面壓碎，青陽辣椒切碎。

2　醃蘿蔔片用流水洗過，將水分擠乾後切碎。

3　熱好的平底鍋中放入豆腐和鹽，以中火拌炒 4 分鐘。

當日準備 ☀

4　將所有的材料放入碗中混合。

5　分成一口大小後，捏成圓形。

---- BOX 4 ----
星期五來點不一樣的 T.G.I.F. 輕食便當

菠菜鮪魚飯糰 357kcal

這裡要介紹的是既方便享用且營養滿分的飯糰。含有鮪魚的蛋白質、菠菜的維他命與膳食纖維，以及糙米飯的碳水化合物，再準備一把堅果當成點心，到了傍晚依然飽足。

堅果類 1 把（花生、杏仁、腰果等，20g）
118 kcal

高蛋白　預防貧血　骨骼健康　恢復疲勞　預防老化

材料

- 熱的糙米飯 1 碗（或雜穀飯，120g）
- 水煮鮪魚罐頭 1 罐（小罐，或鮭魚罐頭，100g）
- 菠菜 1 把（或包飯用蔬菜，50g）
- 洋蔥 1/4 顆（50g）
- 蒜泥 1 小匙
- 食用油 1 小匙
- 鹽少許
- 胡椒粉少許

前晚準備 🌙

1　菠菜切成 1cm 小段，洋蔥切成 0.5×0.5cm 大小，將鮪魚放在篩子上，用湯匙將多餘的油脂壓出。

當日準備

2　熱好的平底鍋中倒入食用油，放入洋蔥與蒜泥，以中火炒 1 分鐘，再放入菠菜和鹽炒 30 秒。

3　放入鮪魚，轉成大火炒 1 分鐘後，關火並撒上胡椒粉拌勻。

4　將糙米飯和步驟 3 放入碗中混合。

5　分成一口大小後，捏成圓形。

---- BOX 4 ----
星期五來點不一樣的 T.G.I.F. 輕食便當

藜麥沙拉稻荷壽司 338 kcal

用雞胸肉、蔬菜、藜麥，代替熱量較高的白米飯，拌得酸酸甜甜後，裝入豆皮中，做成的沙拉稻荷壽司。不僅味道讓人驚豔，紮實感也令人滿意。

鮮綠蔬果昔（第 21 頁）
108 kcal

高蛋白　血管健康　預防老化

材料

- 藜麥 1 大匙（8g）
- 豆皮 6 塊
- 雞胸肉 1 塊（或雞里肌肉 4 塊，60g）
- 小黃瓜 1/5 根（40g）
- 洋蔥 1/5 顆（40g）
- 紫高麗菜 1 片（或高麗菜，30g）
- 清酒 1 小匙
- 鹽 1/3 小匙

調味料

- 顆粒芥末醬（或芥末醬）2 小匙
- 低卡美乃滋 2 小匙
- 醋 1 小匙
- 果寡糖 1/2 小匙

前晚準備 🌙

1 將藜麥和水（1 杯）放入鍋中，以大火煮滾後，轉小火煮 10 分鐘至熟，過篩瀝乾水分，再靜置冷卻。

2 取另一個鍋子，放入水（3 杯）、雞胸肉和清酒，煮 12 分鐘後，靜置冷卻再撕成細絲。

3 將小黃瓜、洋蔥、紫高麗菜切細絲，放入碗中加鹽醃漬 10 分鐘以上，再放到篩子上，用流水漂洗後，將水分擠乾。

當日準備 ☀

4 將調味料的材料放入大碗中混合，再放入豆皮以外的所有食材拌勻。

5 將豆皮的湯汁擠乾後，包入步驟 4 填滿。

BOX 4
星期五來點不一樣的 T.G.I.F. 輕食便當

烤雞胸肉握壽司 283kcal

挑戰看看壽司便當吧。將事先調味過的雞胸肉以小火烤得濕潤多汁，米飯用醋和果寡糖調味，就大功告成！作法容易卻有模有樣的壽司便當，帶來簡單的幸福美味。

血管健康　預防老化

材料

- 雞胸肉 1/2 塊（或燻雞肉 1/2 包，50g）
- 熱的糙米飯 1 碗（或雜穀飯，120g）
- 苜蓿芽 10g（可省略）
- 飯捲用海苔 1/2 張（A4 大小）
- 山葵醬 1/2 小匙（可依個人喜好加減）
- 食用油 1 小匙

醃料

- 清酒 1 小匙
- 鹽少許
- 胡椒粉少許

米飯調味料

- 醋 1 小匙
- 果寡糖 1/2 小匙
- 鹽少許

前晚準備 🌙

1 將雞胸肉用刀子斜切成 0.5cm 的厚度，和醃料一起拌後，醃漬 10 分鐘以上。海苔用剪刀剪成 1cm 寬。

2 將糙米飯和調味料的材料放入碗中，拌勻後靜置冷卻。

當日準備 ☀

3 熱好的平底鍋中倒入食用油，放入雞胸肉，以中弱火煎烤 3 分鐘，正反面都要均勻煎熟，再靜置冷卻。

4 將步驟 2 的醋飯平均分成八等份後，捏成一口大小。

5 在捏好的醋飯上，分別放上適量的山葵醬、雞胸肉與苜蓿芽後，再用海苔包起來。

BOX 4
星期五來點不一樣的 T.G.I.F. 輕食便當

辣味牛絞肉小黃瓜飯捲 *359* kcal

用切碎的牛肉做成的牛肉鬆,再用辣椒醬調味成香辣的飯捲。加入大量的小黃瓜使口感清脆,還有香氣怡人的芝麻葉讓美味加分,放置一段時間依然清爽美味。

高蛋白　血管健康

材料

- 熱的糙米飯 1 碗（或雜穀飯，120g）
- 飯捲用海苔（A4 大小）1 張
- 牛絞肉 70g
- 小黃瓜 1/4 根（50g）
- 芝麻葉 2 片（4g）

肉鬆調味料

- 蒜泥 1/2 小匙
- 清酒 1 小匙
- 釀造醬油 1/2 小匙
- 辣椒醬 2 小匙
- 果寡糖 1 小匙
- 胡椒粉少許

米飯調味料

- 芝麻油 1 小匙
- 鹽少許
- 芝麻少許

前晚準備 🌙

1 將小黃瓜切細絲，用廚房紙巾包住牛絞肉去除血水。將肉鬆調味料的材料放入碗中混合，芝麻葉用流水洗淨並瀝乾水分。

2 熱好的平底鍋中放入牛絞肉，以中火炒 1 分 30 秒後，再放入肉鬆調味料，用中火炒 2 分鐘。

3 取另一個碗，將糙米飯和米飯調味料放入並混合均勻。

當日準備

4 將步驟 3 的飯放到海苔的 2/3 處並鋪開，再依序放上芝麻葉、牛絞肉與小黃瓜。

5 放上芝麻葉將內餡包覆住，再將海苔整個捲起，最後切成適口大小。

- - - - - - - - - - - - - - - BOX 4 - - - - - - - - - - - - - - -
星期五來點不一樣的 T.G.I.F. 輕食便當

山葵美乃滋鮪魚飯捲 358 kcal

飯捲專賣店的人氣品項，將鮪魚飯捲做得更清爽特別。加入山葵醬和青陽辣椒，不用太多調味依然美味，有著香辣的魅力。起司片能中和辣度，讓人一口接一口。

醃漬芹菜洋蔥（第 19 頁）
13 kcal

高蛋白　血管健康　腸道健康　骨骼健康　預防老化

材料

- 熱的糙米飯 1 碗（或雜穀飯，120g）
- 飯捲用海苔（A4大小）1 張
- 水煮鮪魚罐頭 1/2 罐（50g）
- 小黃瓜 1/4 根（或胡蘿蔔，50g）
- 洋蔥 1/8 顆（或紅椒，25g）
- 青陽辣椒 1 根（可依個人喜好加減）
- 芝麻葉 2 片（4g）
- 起司片 1 片（20g，可省略）

醃汁

- 醋 1 小匙
- 果寡糖 1/2 小匙
- 鹽少許

調味料

- 1/2 美乃滋 2 小匙
- 山葵醬 1 小匙
- 果寡糖 1/2 小匙
- 胡椒粉少許

米飯調味料

- 醋 1 小匙
- 果寡糖 1/2 小匙

前晚準備 🌙

當日準備 ☀

1　將鮪魚放在篩子上，用湯匙將多餘的油脂壓出。小黃瓜、洋蔥切成粗顆粒，青陽辣椒切碎。起司片分成 2 等分。

2　將小黃瓜、洋蔥、醃汁的材料放入碗中拌勻，醃漬 10 分鐘以上後，將水分擠乾。芝麻葉用流水洗淨後，將水分瀝乾。

3　將調味料放入大碗中混合後，加入步驟 2、鮪魚和青陽辣椒拌勻。

4　取另一個碗，將糙米飯和米飯調味料放入並混合均勻。

5　將步驟 4 的飯放到海苔的 2/3 處並鋪開，依序放上芝麻葉、起司片和步驟 3，再整個捲起，最後切成適口大小。

BOX 4

星期五來點不一樣的 T.G.I.F. 輕食便當

輕食豆腐漢堡排 419 kcal

用豆腐和米飯做成的漢堡排，再放上荷包蛋，就像在吃真的漢堡排一樣美味。在心情愉悅的星期五，一定要試試這道同樣讓人感到愉快的料理。

高蛋白　腸道健康　預防貧血　骨骼健康　預防老化

材料

- 糙米飯 1/2 碗（或雜穀飯，60g）
- 豆腐大盒 1/2 塊（涼拌用，150g）
- 雞蛋 1 顆
- 高麗菜 2 片（手掌大小，60g）
- 洋蔥 1/10 顆（20g）
- 胡蘿蔔 1/10 根（20g）
- 細蔥 1 根（或蔥花 1 大匙，8g）
- 鹽少許
- 胡椒粉少許
- 食用油 1 小匙

高麗菜沙拉醬汁

- 磨碎的芝麻 1 小匙
- 釀造醬油 1 小匙
- 檸檬汁 1/2 小匙
- 低卡美乃滋 1 又 1/2 小匙
- 果寡糖 1 小匙

漢堡排醬汁

- 水 2 大匙
- 減鈉番茄醬 1 大匙
- 果寡糖 1/2 小匙
- 釀造醬油 1 小匙

前晚準備 🌙

1 將高麗菜切細絲，洋蔥與胡蘿蔔切碎，細蔥切碎。將高麗菜沙拉醬汁的材料放入碗中混合。

2 用棉布包住豆腐，將水分擠乾。

3 將糙米飯、豆腐、洋蔥、胡蘿蔔、細蔥、鹽、胡椒粉放入碗中，揉成團後分成兩等分，捏成厚1.5cm 的扁圓形。

4 將漢堡排醬汁放入小鍋子中，以大火煮滾後，轉成小火煮 30 秒。

當日準備 ☀

5 熱好的平底鍋中倒入食用油，打入雞蛋，以中火煎 1 分 30 秒後，盛盤備用。
如果想吃到全熟的蛋，再翻面多煎 1 分鐘。

6 再次熱鍋，放上步驟3，以中弱火分別將兩面各煎 2 分鐘，盛入便當盒中。放上荷包蛋，一側裝高麗菜絲，再附上沙拉醬汁與漢堡排醬汁。

BOX 4
星期五來點不一樣的 T.G.I.F. 輕食便當

蔬菜海苔捲佐芝麻醬汁 298 kcal

將各種蔬菜放在海苔上，當成飯捲一樣來品嘗吧，是一道能享用生機飲食（Raw food）的料理。搭配芝麻醬汁的宜人香氣，還能吃到大量蔬菜，很有飽足感。想要吃得清爽一點的日子，推薦這道特色飯捲。

 血管健康　 腸道健康　 恢復疲勞　預防老化

材料

- 飯捲用海苔 2 張（A4 大小）
- 高麗菜 2 片（手掌大小，60g）
- 甜椒 1/2 顆（或小黃瓜，100g）
- 芝麻葉 6 片（12g）
- 酪梨 1/2 顆（100g，可省略）

芝麻醬汁

- 磨碎的芝麻 1 大匙
- 醋 1 大匙
- 釀造醬油 1 小匙
- 果寡糖 1 小匙
- 芝麻油 1 小匙

前晚準備 🌙

1　將高麗菜與甜椒切細絲，芝麻葉先捲起來再切成細絲。

當日準備 ☀

2　用刀子沿著酪梨外圍劃一圈，要深至中間籽的部分。抓住兩瓣酪梨，往相反方向旋轉後剝開。將刀尖插在籽上，轉一轉後將籽取出，再用手將果皮剝掉。
酪梨的處理方法請參考第 15 頁。

3　酪梨依形狀切成 0.5cm 厚，將芝麻醬汁的材料放入碗中混合，海苔用剪刀剪成四等分。

4　將所有食材裝入便當盒中即可。

將食材平均放在海苔上，再包起來品嘗。可以沾芝麻醬汁享用，或是將醬汁淋在蔬菜上拌勻後，再包起來食用。

無需烹調只要備料即可完成

QUICK
快速便當

偶爾想要偷懶或是沒有太多時間的時候,那就利用家裡現有的食材製作出超簡單、超快速的輕食便當吧!接下來要介紹的是用乳製品與蛋白質食品、堅果類與水果所組成的輕食便當。

PLUS TIP

・ 即使沒有同樣的食材也無妨,用類似營養成分的產品來代替並活用即可。

SET 1

全麥餅乾搭配鮪魚與小黃瓜，
是一道會讓人聯想到
法式小點心的組合

水煮鮪魚罐頭 1 罐（100g）
＋
全麥餅乾 4 片
＋
小黃瓜 1/2 根
＋
椰子水 330ml
⬇

280 kcal

椰子水
又稱為天然離子飲料，含
有豐富鉀與電解質且熱量
低的飲料。

SET 2

睡前先泡好燕麥粥，
隔日就能輕鬆享用

燕麥粥
＋
堅果類 1 把（20g）
＋
生菜沙拉佐檸檬橄欖油醬汁
（參考第 20 頁）
＋
香蕉 1 根（100g）
⬇

350 kcal

燕麥粥
前一天晚上在便當容器中，放入低
脂牛奶 1/4 杯（50ml）、原味優
格 2 大匙拌勻後，加入燕麥片 1/4
杯（15g），泡 3 小時以上。

燕麥奶
用高膳食纖維、低脂肪、
高蛋白質的燕麥製成的
牛奶替代飲料。

-------- **SET 3** --------

碳水化合物、蛋白質與
脂肪都均衡的一餐

嫩豆腐（生食）140g
＋
燕麥奶（OATLY）1盒（250ml）
＋
小番茄 10 顆（150g）
＋
生菜沙拉佐巴薩米克醋醬汁
（參考第 20 頁）

259 kcal

-------- **SET 4** --------

比想像中更具飽足感、
讓人驚豔的便當

水煮蛋 2 顆
＋
無糖豆漿 1 瓶（200ml）
＋
堅果類 1 把（20g）
＋
蘋果 1/2 顆（100g）

401 kcal

----- **SET 5** -----

健康的穀物配上新鮮蔬菜棒，
口感清爽無負擔！

炒過的全穀物 1/2 杯（20g）
+
原味優格 1 瓶（85g）
+
蔬菜棒 100g
+
果乾 2 大匙（20g）

235 kcal

----- **SET 6** -----

將細滑綿密的酪梨抹在
雜糧麵包上來品嘗

酪梨 1/2 顆（100g）
+
生菜沙拉佐巴薩米克醋醬汁
（參考第 20 頁）
+
雜糧麵包 1 片
（或雜糧吐司，50g）
+
不加糖的果汁 1 杯（200ml）

460 kcal

- - - - - - - - SET 7 - - - - - - - -

吃膩了一般的便當菜色，
試著將芹菜與餅乾沾花生醬品
嘗，帶來不同以往的滋味

水煮蛋 1 顆
+
全麥餅乾 4 片
+
芹菜 10cm2 段（40g）
+
花生醬 1 大匙
+
青葡萄 20 顆（100g）

292 kcal

奇亞籽果凍
市售用奇亞籽做成的凍狀食品。

- - - - - - - - SET 8 - - - - - - - -

用能量棒與清爽葡萄柚
來補充能量！

奇亞籽果凍 1 盒（170g）
+
堅果類 1 把（20g）
+
能量棒 1 個（80g）
+
葡萄柚約 1/4 顆（100g）

312 kcal

自製奇亞籽果凍
將香蕉（1 根）、
低脂牛奶 1/2 杯
（100ml）、無糖
可可粉（1 大匙）
放入攪拌機，打至
細碎後盛入碗中，
加入奇亞籽（3 大
匙）拌勻，裝入密
封容器，放入冰箱
冷藏使其凝固。

-------- **SET 9** --------

酸甜蘋果與香甜地瓜的
sweet day！

水煮地瓜 1 條（200g）
＋
起司條 1 條（50g）
＋
蘋果 1/2 顆（100g）
＋
氣泡水 330ml

368 kcal

-------- **SET 10** --------

享用 Q 彈的年糕、杏仁和
牛奶組合而成的高鈣輕食

切片年糕 3 片（約 83g）
＋
杏仁 10 顆
＋
香蕉 1 根（100g）
＋
低脂牛奶 200ml

402 kcal

STEADYS®

台灣矽膠第一品牌

供應產品

食品保健級矽膠、無毒環保矽膠、矽膠手工皂蠟燭模型、矽膠巧克力模型、
矽膠冰塊模型、矽膠隔熱墊手套、矽膠防水圈日用品、矽膠烘培用具、
美容用品矽膠、耐高溫工業配件矽膠

矽膠造型模型

天然環保材質
- 100％無毒環保產品
- 100％耐高溫230度，耐低溫－40度
- 隔熱性高
- 造型可愛新穎
- 可多次使用、循環利用性高

STEADYS 台灣矽膠興業股份有限公司

專業矽膠 肥皂 蠟燭開模／專業矽膠防水圈生產製造
專業特殊矽膠諮詢／矽膠生產客製化的服務製造生產

地址：508台灣彰化縣和美鎮彰美路6段199號
電話：04-7569-926／0912-333-162
網站：http://www.steadys.com.tw
服務信箱：mulin841308@hotmail.com

烘焙劇房設計
魔法盒
四枝叶裔又

美味早午餐生活提案

10 分鐘做早餐

一個人吃、兩人吃、全家吃都充滿幸福
的 120 道早餐提案【暢銷修訂版】

天天吃一樣的早餐？這樣的人生多無趣！
「10 分鐘早餐」快速、美味、多變化！
收錄 120 道早餐料理，提供最多元的選擇。
一個人、兩個人、全家人，一起床，就開
始幸福。

崔耕真── 著

Le Creuset
鑄鐵鍋手作早午餐

鬆餅・麵包・鹹派・濃湯・歐姆蛋・
義大利麵，45 道美味鑄鐵鍋食譜

〔一個人的細細品味、全家人的溫暖共享〕
優雅上桌 ・ 我的假日悠閒時光
休日慢食，迎接一日的美好
享受恬靜美味的早午餐時光
人氣料理家的 45 道經典早午餐料理輕鬆學

Le Creuset Japon K.K ── 編著

坂田阿希子／食譜審訂

生活樹系列 047

活力小日子，我的手作輕食便當

더 가벼운 도시락

作　　　者	《The Light》編輯部
譯　　　者	黃薇之
總 編 輯	何玉美
副 總 編 輯	陳永芬
選 書 人	紀欣怡
主　　　編	紀欣怡
封 面 設 計	萬亞雰
內 文 排 版	許貴華

出 版 發 行	采實文化事業股份有限公司
行 銷 企 劃	黃文慧・陳詩婷
業 務 發 行	林詩富・張世明・吳淑華・何學文・林坤蓉
會 計 行 政	王雅蕙・李韶婉
法 律 顧 問	第一國際法律事務所　余淑杏律師
電 子 信 箱	acme@acmebook.com.tw
采實粉絲團	http://www.facebook.com/acmebook

Ｉ Ｓ Ｂ Ｎ	978-986-94644-0-6
定　　　價	380 元
初 版 一 刷	2017 年 5 月
劃 撥 帳 號	50148859
劃 撥 戶 名	采實文化事業股份有限公司
	104 台北市中山區建國北路二段 92 號 9 樓
	電話：(02)2518-5198
	傳真：(02)2518-2098

國家圖書館出版品預行編目資料

我的手作輕食便當 / The Light 編輯部作；黃薇之譯. --
初版. -- 臺北市：采實文化，2017.05
　　面；　公分. -- (生活樹系列；47)
ISBN 978-986-94644-0-6(平裝)

1. 食譜

427 17　　　　　　　　　　　　　106004570